バーチャル・エンジニアリング Part 4

日本のモノづくりに欠落している〝企業戦略としてのCAE〟

内田孝尚・栗崎 彰 著
Takanao Uchida Akira Kurisaki

日刊工業新聞社

はじめに

2020年よりコロナ禍に見舞われ、世界の人の動きが制限された。それに伴い、デジタルを用いた社会システムの活用が拡がったと同時に、日本のデジタル環境の遅れと世界でのデジタル技術の活用普及の実体を理解することができた。デジタル社会の進展は一般生活の中だけでなく、教育・モノづくり・金融・公的サービスなどの分野にまで拡がり、日本では、その技術環境の進展を〝知らず〟〝使わず〟の状態であったことが、このコロナ禍で理解されたように思われる。

開発やモノづくりの分野のデジタル化は1960年代から動き出してはいたものの、本格的に、社会の開発・モノづくりシステムとして動き出したのは21世紀に入ってからなのかもしれない。現在進んでいるバーチャルモデルを商品とした開発・モノづくりのビジネスモデルの姿は、21世紀の初頭にはすでに、技術的には考えられていた。ただし、現在と比較すると、計算機能力の未熟さ、データのフォーマット標準化の遅れ、シュミレーションモデルのインターフェース未構築、データ流とその環境の未整備など、社会インフラの遅れなども含めた理由から、実現が遅れていたと思われる。それらは、「ムーアの法則」と言われる「収穫加速の法則」に従い、現在では、各分野の新たな技術や機能が連結した形で活用できるところまで実現した。ドイツのメルケル首相がインダストリー4・0を発表した2010年が、ちょうど、バーチャルエンジニアリングとそのビジネスが実現したタイミングを示す一例と思われる。

モノづくりでの取引の中心であったリアル商品の代わりとしてバーチャルモデルが取引の対象となり、普及している。そのバーチャルモデルの機能パフォーマンスは、原理原則の理論に従ったCAEを用いてデジタル表現される。形状と機能パフォーマンスのデジタル化されたバーチャル商品が、世界ではビジネスのコアになりつつある。日本では3D設計未普及から、形状のデジタル表現ができず、バーチャル商品の流通とビジネス展開が遅れている。この危機的な実態を眺めることで、バーチャル商品を用いた新たなビジネスモデル展開が日本でも動き出すことを祈念し、「日本のモノづくりに欠落している〝企業戦略としてのCAE〟」と題し、本書を執筆した。

本書は第一部と第二部に分けた構成とした。それぞれの概要と、担当する筆者の経歴の一部を以下に紹介する。


第一部は、「モノづくりのコアとして動き出したCAE」と題して、CAEの持つビジネスポテンシャルとその変革してきたCAE活用の歴史を記述する。

○筆者：内田　孝尚
CAEとCADが未連携であった1998年、CADモデルをCAEモデルとして活用するためのCADモデルの自動メッシュ構築プロジェクトをダッソーシステムズ社と設定し、世界で初めてCAE／CAD／CAMの連携を実現した（2000年）。これにより、設計者がCAEを用いて行う設計仕様熟成方法を継続して提案してきた。

20世紀後半から、世界の自動車会社はデジタル開発技術進展の動きを加速させた。筆者が所属していた自動車会社も、開発・モノづくりのデジタル化を加速させるため、基幹ＣＡＤのＣＡＴＩＡをＶ４からＶ５へバージョンアップすることで、設計図を２Ｄ図から３Ｄ図へ変革するためのプロジェクトを企画した。筆者はその展開プロジェクトの研究・開発部門全体の統合リーダーを経験する（２００３―２００９年）。このプロジェクトを推進することで、３Ｄ化とデジタル化の持つ高いポテンシャルは、将来、開発・モノづくりの改革をもたらすことが可能であることを確信する。それとともに、取引の商品形態などまで変わるような社会システムの変革を伴うことも理解した。

当時、同様に展開している世界の自動車会社も、モノづくり・開発の将来像構築を進めており、お互いが情報と課題などの共有が必要であることから、会合が設定されていた。その情報共有の会合に10年にわたり参加し、各社のリーダー達との議論から開発・モノづくりの将来の姿を知ることができた。これらの経験から得た知見をもとに、第一部の内容を構成、執筆した。

第二部は「設計のためのＣＡＥの現状とこれからの施策」と題して、バーチャルモデルのコア技術であるＣＡＥの日本での普及、活用の現状を設計視点から解説し、ＣＡＥをより活用するためのヒントを提案する。

第三部の内容については、サイバネットシステム株式会社の三宅智夫氏と議論を重ね、助言をいただいたことに感謝の意を表す。

○筆者：栗崎 彰

大学院修士課程を経て、数値解析研究所に入社。そこでＮＡＳＴＲＡＮによる構造解析に従事。その後、現在はシーメンス社の一部門となった旧ＳＤＲＣ社（Structural Dynamics Research Corporation）に入社。ＳＤＲＣ社のＣＥＯであったDr. Jason R.Lemonは「ＣＡＥ」という言葉を創った人物だ。有限要素法のメッシュ分割を自動化するためにリリースした３Ｄソリッドモデリングに出会う。これは後に、３ＤＣＡＤ、Ｉ－ＤＥＡＳとなる。当時、設計現場は２Ｄの図面が主流で、３ＤＣＡＤとＣＡＥを啓蒙《けいもう》し、導入、運用のプロジェクトに従事した。その後、ダッソーシステムズ社に入社。ＣＡＴＩＡ関連の数々のプロジェクトに参画。

設計に軸足を置き、設計視点からＣＡＥの利用・活用技術を啓蒙し推進している。多くの企業で３ＤＣＡＤによる設計プロセス改革コンサルティングや設計者ＣＡＥの導入支援の実績を持つ。また、設計者のためのＣＡＥ座学教育「解析工房」を開発し、多くの企業で実施している。設計者に役立つＣＡＥをテーマに、ウェブ記事連載、機械学会勉強会、公設試験研究機関などで講演活動を行う。

バーチャルエンジニアリングシリーズのＣＡＥ編として、本書を上梓《じょうし》することができた。ＣＡＥ関連の純粋技術を扱う〝書物〟とは違う〝読み物〟としてＣＡＥ分野を取り上げる本書の企画を日刊工業新聞社へ提案したが、CAE関連の〝読み物〟のマーケットが小さいことから、タイトルに「CAE」という言葉を使わないことなど、制約のある中、執筆活動がスタートした。本書の執筆が進むと同時に、内容、タイトルなどを協議・検討する中、日刊工業新聞社は販売リスクがあったにも関わらず「CAE」を強調することと、CAE関連の状況を知らしめる〝読み物〟として上梓することに快諾して頂いた。本書の出版に際し、ご尽力を頂いた日刊工業新聞社の土坂裕子氏とともに、この快諾に対しても御礼を申し上げる。

本書が多くの読者の方にとって、開発・モノづくりの新たなビジネスモデルやイノベーションへの挑戦と、日本のモノづくりをリーディングするきっかけとなりましたら、筆者らにとって望外の幸せである。

2023年3月吉日

内田 孝尚
栗崎 彰

目次

第一部 モノづくりビジネスのコアとして動き出したCAE

第一章 シミュレーション活用に関して日本で知られていないこと

第二章　問われる設計の役割

第四章
CAE／CAD／CAM連携の大きなポテンシャル

第五章　バーチャルモデル環境の成立に必要なこと

第二部　設計のためのCAEの現状とこれからの施策

第六章　設計のためのCAEの現状

第七章　ＣＡＥの位置付けと状況の変化を捉える

第八章

CAEの現場をアップデートせよ

第九章 CAEの最大活用、データドリブン型のCAEに向けて

序章

ほぼ完了した設計変革

○・一　コロナ禍が提示したデジタル環境の進化

2020年初頭から始まったコロナ禍は、あらゆる業種において、議論、会議など対面で行っていた業務に関して待ったなしの変革を行う必要性を生じさせた。

突然変化した社会情勢であったものの、スムーズに情報交換が行えたのは、テレビ会議システムなどのデジタル化の進化が思った以上に進んでいた結果だろう。テレビ会議システムを例にとると、ビジネスの場だけでなく、日常生活でも、自由にストレスなく使いこなせるまで完成していたことが判ったのだ。

筆者は21世紀の初めから10年近く、テレビ会議システムを用い、米国、欧州、アジア、南米などの事業所と、多い時には毎日、情報交換を行いながら、各事業所のデジタル基盤の構築と普及展開の仕事に関わっていた。当時、テレビ会議システムの接続にはIPアドレスの設定が必要だった。時々、スムーズに繋がらないこともあり、IT部門の技術者に毎回のように対応をお願いした。当時のテレビ会議システムは、使いこなすだけで時間と経験が必要であった。慣れれば簡単だという意見もあるが、実際には相手側のIPアドレスの確認などで筆者にとっては簡単ではなかった。現在のテレビ会議システムは会議を設定したURLをクリックするだけでほぼ問題なく繋がる。音声も、映像も、特に音声に関しては10年前に比べると遅れ時間がほとんどなく、海外とのやりとりもスムーズである。

このようなテレビ会議システムがＩＴ部門が存在するような企業の中だけでなく、一般ユーザーの中でも自由に活用できる時代になっていたことを私は知らなかった。コロナ禍がもたらした課題がなければ、自宅のパソコン（ＰＣ）を用いたリモート会議を経験しなかったであろうから、テレビ会議システムの進化している事実を知らないままだろう。

コロナ禍によって困窮した市民のために、各国が援助金の支給などの対応にデジタル環境を有効に使いサポートするニュースがさまざまなところから聞こえてきた。一部では知られていた「日本のデジタル化の遅れ」も、今回のコロナ騒動の中でクローズアップされ、国民がその状況を理解することになった。テレビ会議システムも含めて、各国のデジタル体制が、日本よりはるかに進んでいるということが知れ渡ったのが、ある意味このコロナ禍の〝効果〟だったのかもしれない。

テレビ会議システムがオペレーター不要で簡単に利用できることがまったく知られていなかったことと同様に、他の領域でも新しく使いやすいシステムが存在していても、利用する機会がないことからほとんど知られていない可能性がある。

設計、開発、モノづくりの分野において、図面が２Ｄ紙図から、２Ｄデジタル図、そして３Ｄ図と変革してきた。このように設計の道具が大きく変革しても、日本では、新たなビジョンの構築や、今以上の効果を望まなければ、従来のやり方が十分活用できており、その新しい道具（システム）の機能を知る機会がないまま、その必要性も感じられない状況が続いているのではないだろうか。

〇・二　日本の設計環境と世界の状況

かつて、結婚式のスピーチでよく使われた「人生の青写真を描いて欲しい」という言葉を耳にしたことはあるだろうか。この言葉に含まれる「青写真」とは「設計図」を表現している。設計図の活用が始まった頃、青い感光紙を２Ｄ図のコピーとして用いていた。人生の将来像を最終設計の姿である「青写真」という言葉で表現するほど、設計図のイメージが日常生活の中に固定化していたのかもしれない。今では青写真の意味する２Ｄ図は３Ｄ設計へ移行しつつあり、「青写真」という言葉や設計図のイメージが大きく変わってしまったことになる。

設計の環境変革の30年

設計環境の変革は、１９６０年代より始まっていた。１９８０年代には２Ｄ図面のデジタル化、１９９０年代には図面の３Ｄ化による形状のデジタル化へと大きく変革してきた。１９８０年代からの約30年間の中で設計環境の大変革が起きている。この期間を例えて言えば、大学卒業後エンジニアとして企業に入社後、２Ｄ紙図で設計していた人がデジタル図の検図を行う管理職、企画会議で形状を３Ｄモデルで提示され、それを評価する役員へと成長して行き、その立場ごとに図面形態が変わっていったのではないだろうか。その流れについていくことのできるエンジニアはそれほど多くは居な

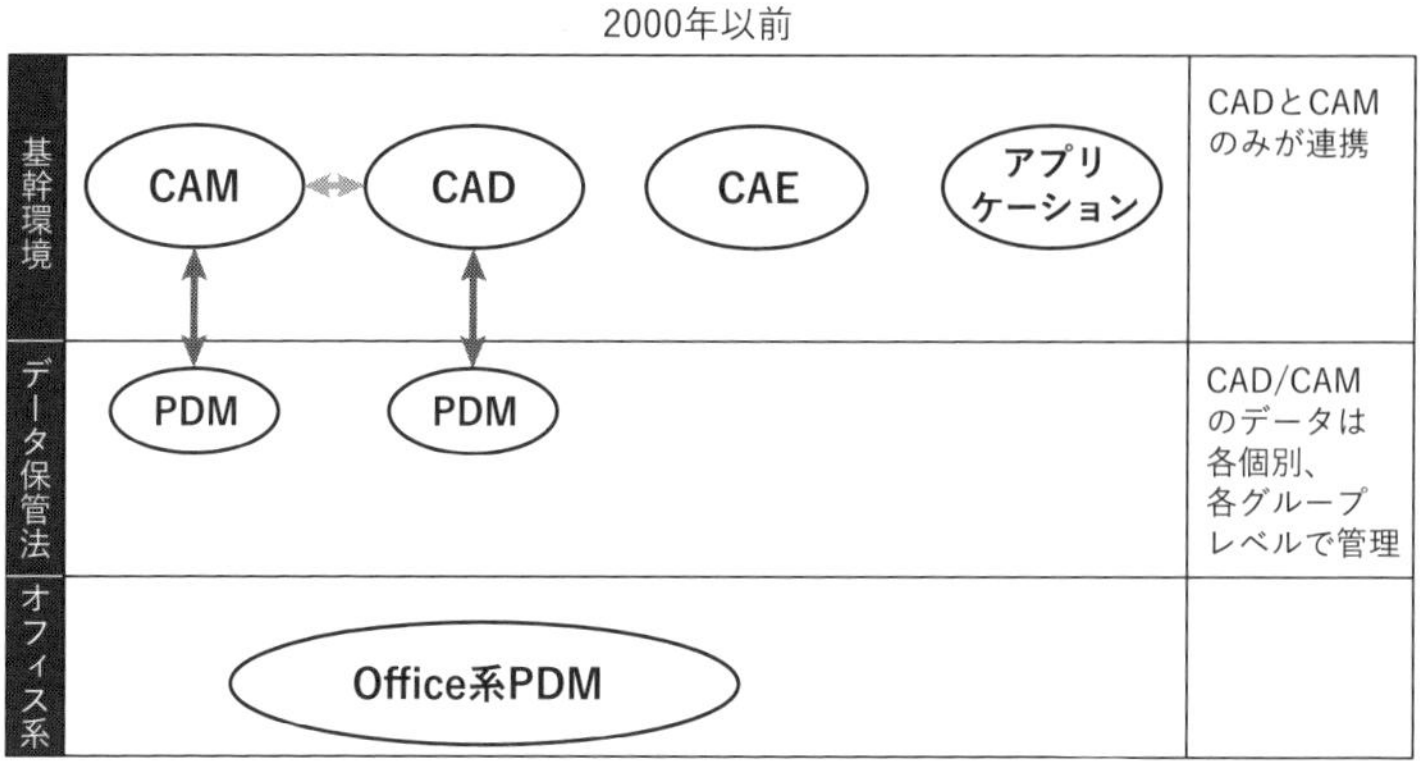

図0・1　1980年代後半〜2000年以前のCAD/CAM/CAE/アプリケーションの連携関係

いのかも知れない。そのように推察するほど、この30年の間に、図面形態が大きく変化したことになる。

20世紀中はCADとCAE未連携

図0・1は1980年代後半〜2000年以前のCAD（Computer Aided Design：キャド）／CAM（Computer Aided Manufacturing：キャム）／CAE（Computer Aided Engineering：シーエーイー）／その他アプリケーションの連携関係を示している。

2DのCADシステムが登場し、2D図はデジタル化され、図面の管理、検索などに対し、非常に効果的な結果をもたらした。ただし、これはあくまで、図面のデジタル化である。その後、3DCADが登場し、初めて3次元形状のデジタル化を行うことができるようになった。1990年前後、すでに形状を3Dで表現可能となったCADのデータを、そのままCAMで活用可能となっていた。これはデジタル化された形状を金型切削用データやCAMプログラム、計測装置などのティーチングデータとして活用でき、3DCADとCAMは連携され、この当時から効果的な活用が始まっていた。

これに対し、CAEとの連携はしていなかった。CAEの市販プログラムは1960年代にすでに登場し、そのCAEモデル作成用の3次元モデラーが存在していた。3DCADの登場よりも20年以上早く、3D化の普及が確立していたことになる。CADとCAEの連携はその歴史も、活用目的も違うことから、ユーザーの対応も含めて整合が必要な時代であった。

21世紀と同時にCADとCAEの連携ができた

21世紀に入り、CAEと3DCADが連携し、設計を行いながら、CAE解析を行うことが自由にできるようになった（**図0・2**）。これを推進したのは日本企業の設計部門であった。しかし、この考えは日本では拡がらず、欧州が引き継ぎ、そしてアメリカへ渡った。

設計とは本来、設計仕様を検討、熟成させ決定する。日本では〝設計本来の対応〟範囲だけでなく、〝図面作成の作業中心に対応〟することも一般的に行われている。設計作業の現場では本来の設計検討、熟成と図面作成作業の両方に対応するため、設計は図面作りのイメージが強い。ある意味、設計内容によっては、「設計者＝図面作成の作業者」と解釈することもある。このため、本来の設計力向上のために設計段階で設計仕様を熟成することに設計者自らがCAEを用いるという考え方自体を、日本では理解されなかったと思われる。

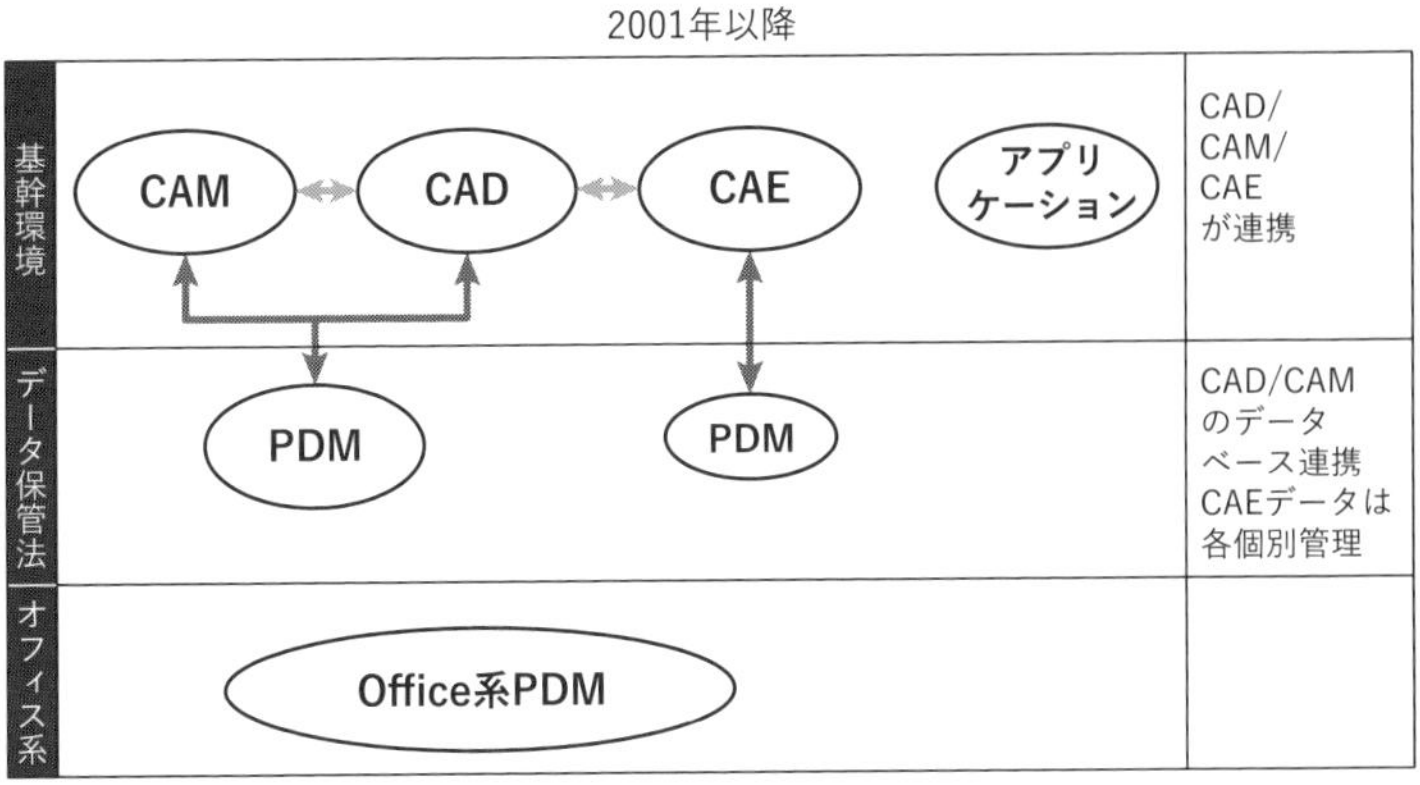

図0・2　2001年〜2010年のCAD/CAM/CAE/アプリケーションの連携関係

それと言うのも、設計現場は2D図面中心で、3D形状を用いた仕様検討ではなく、2D図面を3Dモデル化することが3D設計と思われていた時代である。この設計作業をやりながらCAE解析ということを作業と捉えている現場では、もう一つの作業が増えることを非常に忌み嫌ったように思われる。そのようなこともあり、日本では設計検討にCAEを用いて仕様を熟成するという動きは拡がらなかった。

一方、欧州、北米では、CAD／CAM／CAEを連携した設計・開発・モノづくりの新しい動きが始まったのである。CADとCAMはすでに連携していたことから、CAEも含めて用いられるデータを連携した管理体制の構築という動きが世界的に始まる。

2001年、「Unigraphics（ユニグラフィックス）」という3D CADシステムのアメリカ・EDS社と、CAE機能の充実しているCAD／CAEシステムの「I－DEAS（アイディアス）」のSDRC社が合併し、UGS社が誕生した。I－DEASはCAE機能、Unigraphicsは3DCADシステム機能を強みとし、この2社が合併し、CAD機能とCAE機能の双方が大きく充実することになる。そのUGS社を2007年1月、ドイツ・シーメンス社が買収し、3DCADシステムの名前を「NX」とし、欧州に拠点を移す。今日の設計開発基盤モノづくりとして、影響力の大きい「CATIA（キャティア）」のダッソーシステムズ社とNXのシーメンス社の2大CAD／CAM／CAEシステム環境がヨーロッパに集中した。それが21世紀の始まりである。

2008年には、CAD／CAM／CAE環境が一体化

リーマンショック、東日本大震災と立て続けに大きな災害、課題が起きた2010年前後、設計環境、デジタルビジネス環境が大きく変革していた。それ以前は、CAD／CAM／CAEは機能間の連携であったのが一体化され、例えば、NX、CATIAなどはCAD／CAM／CAEのほとんどの機能を持つようになる。

図0・3を見て頂きたい。これには環境として一体化したCAD／CAM／CAEとアプリケーションとの連携を示してある。CAD／CAM／CAE環境が一体化されることで、スタイリング、設計、解析、モノづくりなどが同じ環境で検討できるバーチャルエンジニアリング（VE）体制が成立したのである。

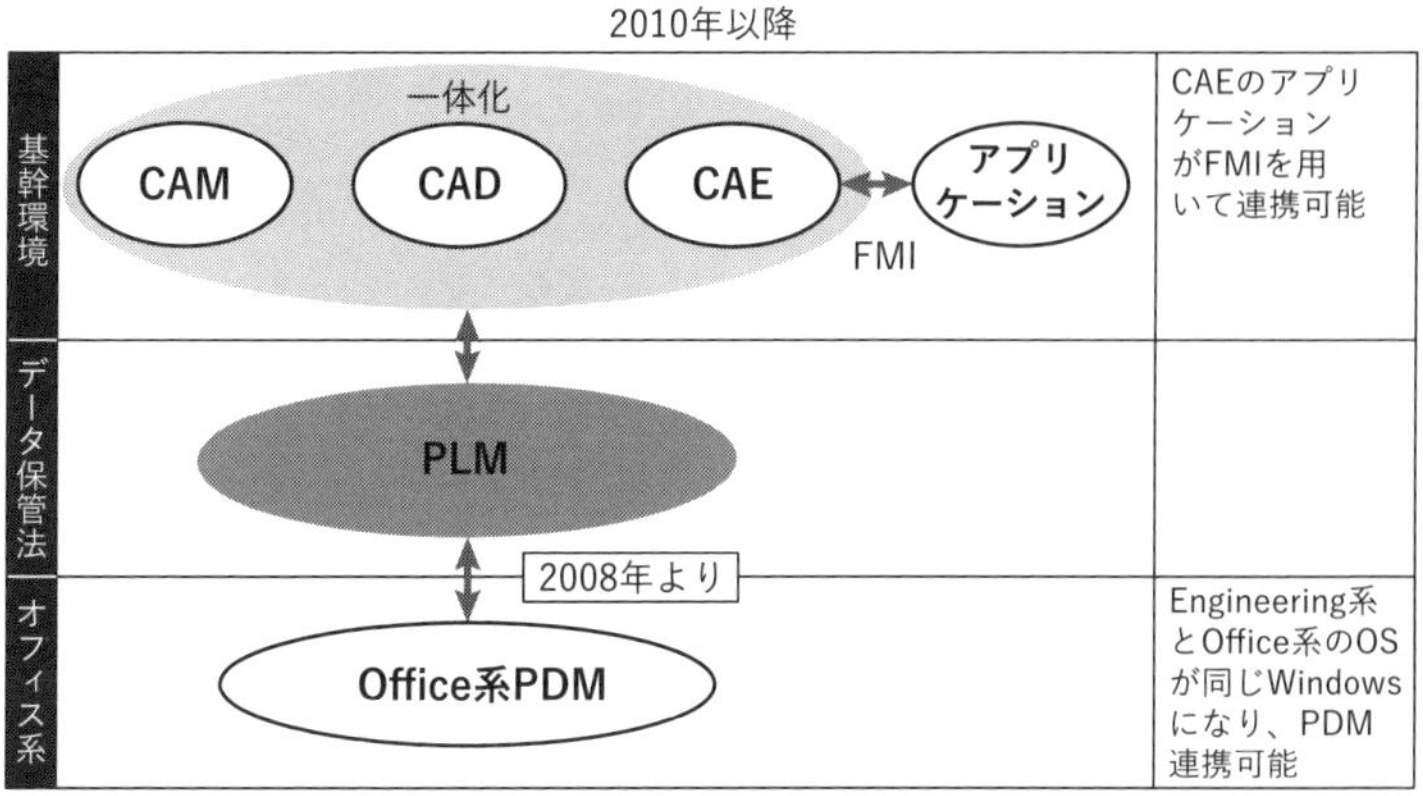

図0・3　2010年からCAD/CAM/CAEが一体化。アプリケーションとの連携関係

ワークステーションで行われていたCAD／CAM／CAEがPCで行えるようになる

①CAD／CAM／CAEのOSがWindowsに

CAD／CAM／CAEの基盤である環境を、世界同時に各ベンダーが変革した。2008年、OSがワークステーションを中心に使われていたUnixから一般PCで使われているWindowsに変更になった。これにより、インダストリー領域とオフィス領域で使用するデータフォーマットが同じになり、例えば3DCADデータをメールで送受信することもできるようになった。

②CAE解析のメモリー上の限界解消：Windows OS 32ビット版だけでなく64ビット版も登場

同じく2008年には、従来32ビットであったWindows OSに64ビット版も登場し、これにより一般PC上でのCAE解析のメモリーにおける限界が消え、CAE専用コンピューターで行われていた巨大な解析が一般PC

で可能となる。

CAEのアプリケーション間の連携に対応するFMIの登場

21世紀に入り、3D設計とCAEによる解析が普及した。その頃、欧州の自動車会社では、サプライヤーから納入される3Dモデルやシミュレーションモデルへの対応の課題が表面化していた。サプライヤーが部品を開発した後、その部品の3D図面、シミュレーションモデル、制御アルゴリズムを一体化したバーチャルモデルを自動車会社、メガサプライヤーへ納入する。ところが、自動車会社、メガサプライヤーはそのシミュレーションモデルを用いて、車1台、製品1台の統合した複合解析を行いたいが、サプライヤーから納入されるモデルは多くの異なるシミュレーションのアプリケーションツールが使われているため、ただちに連携した解析ができなかったのである。そのため、シミュレーションの検討ごとにモデルのデータ変換や、インターフェース（I／F）作成が行われていた。

これらは開発力向上の阻害となり、なおかつ、バーチャルモデルを用いたVE環境の構築が難しくなるという、高いハードルであった。また、それらのデータを用いて、別スペックの検討への再利用もできなかったのである。

CAEの産業は1960年代より始まっており、そのアプリケーションに用いられているI／F、フォーマットなどの種類の多さは、その歴史の長さを物語っていた。そのため、その当時のCAEの状況を知っている人たちにとって、この課題の払拭は大変なエネルギーと期間が必要と思われ、大きく危惧されていた。

そこで２００８年、３Ｄモデルを用いたシミュレーション連携のための「シミュレーションモデル間Ｉ／Ｆ標準規格」を構築することを目的としたプロジェクトが設立された。このプロジェクトは欧州連合（ＥＵ）議会の産業育成プログラムの一つとして推進され、その予算として30Ｍｉｌｌ．€（35億円）を捻出した。欧州産業育成の政策の一つとしても推進されたのであった。３年の活動の結果、このＦＭＩ（Functional Mock Up Interface）は２０１１年より、欧州中心にほぼDe Facto Standardとして、シミュレーションモデル連携を自由にできるようになった。

日本でのシミュレーションモデル連携に対する反応

欧州産業育成政策の一つとして「シミュレーションモデル間Ｉ／Ｆ標準規格」の構想プロジェクトが設立された12年後、経済産業省発行の『２０２０年版ものづくり白書』に、驚愕《きょうがく》する調査結果が掲載された。

もともと、日本では３Ｄ設計の普及が遅れていることは知られていたが、製造業での３Ｄ設計の状況を調査し、その結果をものづくり白書で公開したのである。詳細は後述するが、**図０・４**と**図０・５**を参照して頂きたい。製造業で３Ｄ設計を行っているのは17％であり、ＯＥＭ、サプライヤー間での３Ｄデータを用いた設計のやりとりが15・７％という結果が記載されている。２００８年以前の欧州

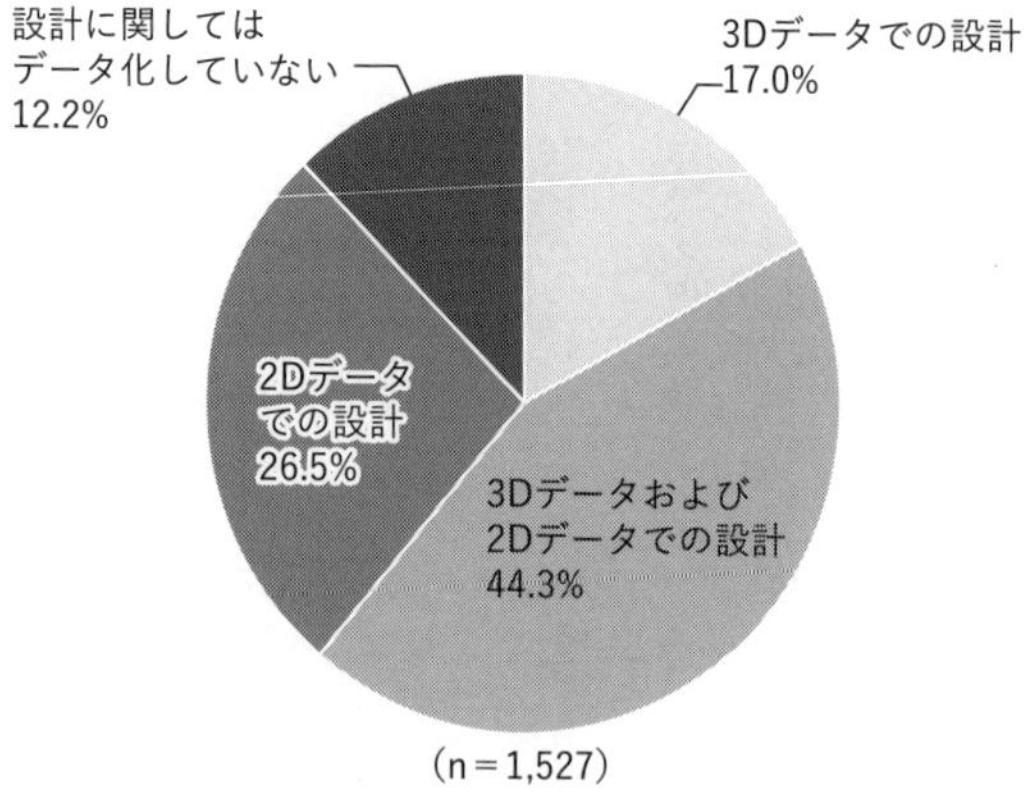

出典：『2020年ものづくり白書』（経済産業省）
資料：三菱UFJリサーチ＆コンサルティング（株）「我が国ものづくり産業の課題と対応の方向性に関する調査」（2019年12月）

図0・4　日本の製造業における3DCADの普及率（設計方法）

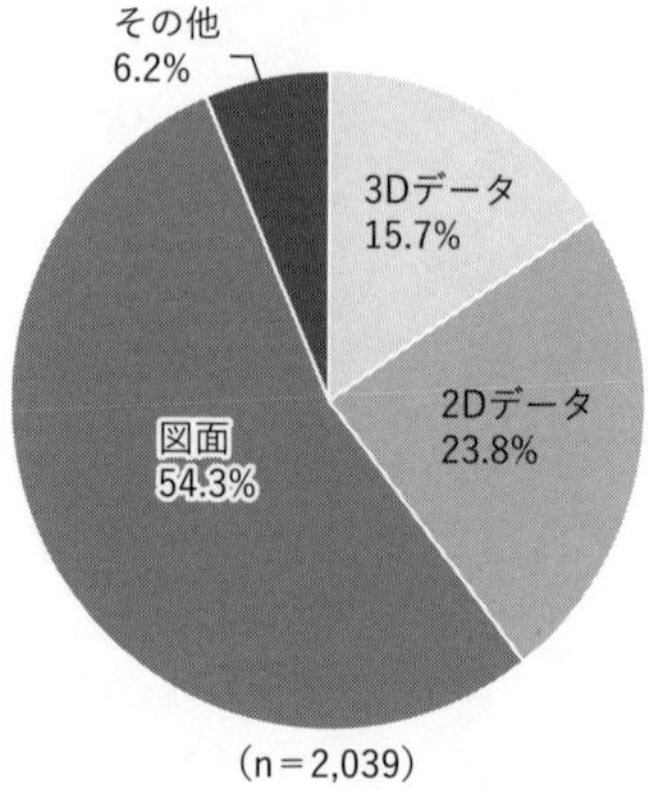

出典：『2020年ものづくり白書』（経済産業省）
資料：三菱UFJリサーチ＆コンサルティング（株）「我が国ものづくり産業の課題と対応の方向性に関する調査」（2019年12月）

図0・5　日本の製造業の協力企業への設計指示の方法

では、サプライヤーから納入される3Dモデルやシミュレーションモデルの連携対応の課題が大きくクローズアップされ、EUの政策で、その対策プロジェクトが設定されたにも関わらずだ。

現在の日本では、3D設計、3Dデータとシミュレーションモデルのやり取りが極端に少ないことから、EUで問題となったような課題も表面化せず、このFMIの存在を知っている人自体が少ないようだ。

2010年前後には、バーチャルエンジニアリング環境成立

CAD／CAM／CAE環境が一体化しただけでなく、図0・3のように、世界のデジタル環境はそのデータもPLM（Product Lifecycle Management）として統合管理が行われるようになる。インダストリー系とオフィス系の連携も可能となり、データの流れがビジネスの流れとなった。OEM、サプライヤー間の協業がVE環境で容易に行えるようになった。

VE環境がほぼ成立した2010年前後、ドイツがネットワークを主体にしたモノづくり政策のIndustry4.0（インダストリー4・0）を発表したのはこのタイミングである。

2015年前後には、CAE関連のアプリケーションも管理へ

製品モジュールのパフォーマンスをデジタル表現するシミュレーション、CAE群と、その解析条件、検討シーン条件も含めて、その膨大な情報はサプライチェーン、エンジニアリングチェーンの中

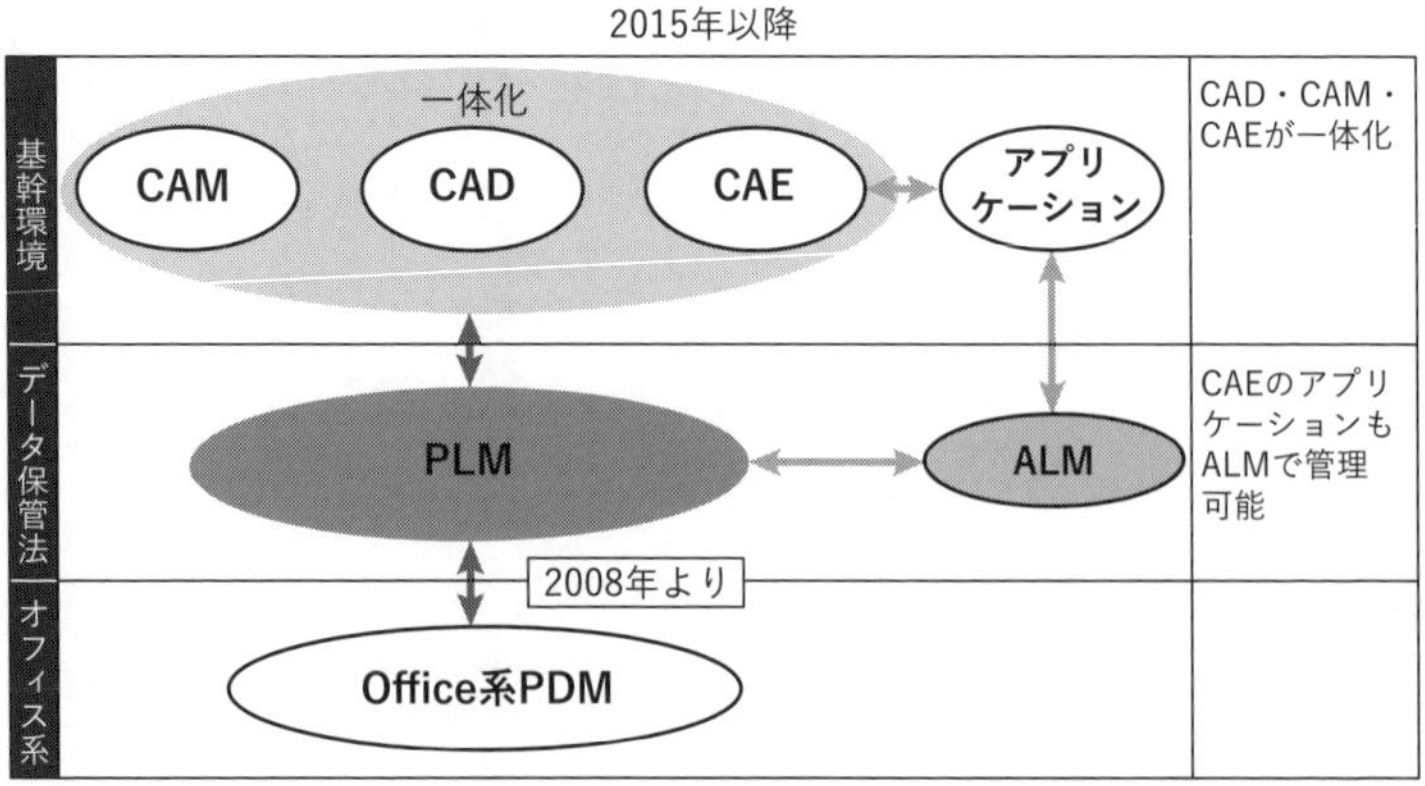

図0・6　2015年からCAE関連のアプリケーションも管理

で共有し、協業条件として管理する必要が生まれた。それらを解決するため、日本では知られていないが、ALM（Application Lifecycle Management）というビジネス上、必須の管理システムが普及し始めた（**図0・6**）。この状態がVEの最終形で、あとは改善と普及展開への動きかと思われる。そこまで、改革と普及が進んだと言える。

日本の設計環境は2000年以前のまま

日本の設計環境は図0・4、図0・5で示したように、いまだ3D化が終了していない。2D図面で充分事足りているという現場の意見もあるが、それは、他の領域と連携した協業を行わない分野の意見である。また、そうした意見が聞こえるということは、連携した協業ができていない状態と捉えられる。

設計の3D化は形状のデジタル化であり、そのデジタル化された形状で技術とビジネスが動いている。その中で、CAE技術は〝解析〟という考えを超え、製品モジュールの〝パフォーマンスのデジタル化〟という考え方に変化してきた。それが、ＣＡＥとＣＡＤの連携、ＣＡＤ／ＣＡＭ／ＣＡＥの一体化に繋がったのである。

しかし、日本では３Ｄ設計が未普及であり、また、主なＣＡＤ／ＣＡＭ／ＣＡＥの日本のベンダーが存在しないこともあり、世界のモノづくりでのＣＡＥの位置付けが理解されていないままのようだ。

いまだにCAEは〝解析だけ〟のツール

日本では設計者が３Ｄ設計を行うことが少ないことから、設計検討の中で、ＣＡＥ解析を設計者自身が行うことも少ない。日本でのＣＡＥの使い方は、ＣＡＥ専任者が設計者からの依頼で解析を行い、その結果を設計者へ戻す形の対応や、その解析行為自体がビジネスとなっている。このため、ＣＡＥは日本のモノづくり設計開発の中では、他との連携が少なく、いわば〝孤立した産業〟なのかもしれない。

筆者は日本のＣＡＥ関連のコンファレンスでＶＥに関して講演したことがあった。聴講された方のアンケート結果では「大変新しい動きに驚きました。」という意見もあったが、「まったく参考にならなかった。」という意見が散見された。また、ＣＡＥ関連の本書を上梓《じょうし》する企画を版元に相談したが、相談に乗って頂いたその当時の書籍部部長は「ＣＡＥという言葉を表紙には掲載しないで欲しい」ということだった。書籍部部長として、今までのマーケット展開の経験から、「ＣＡＥ」という

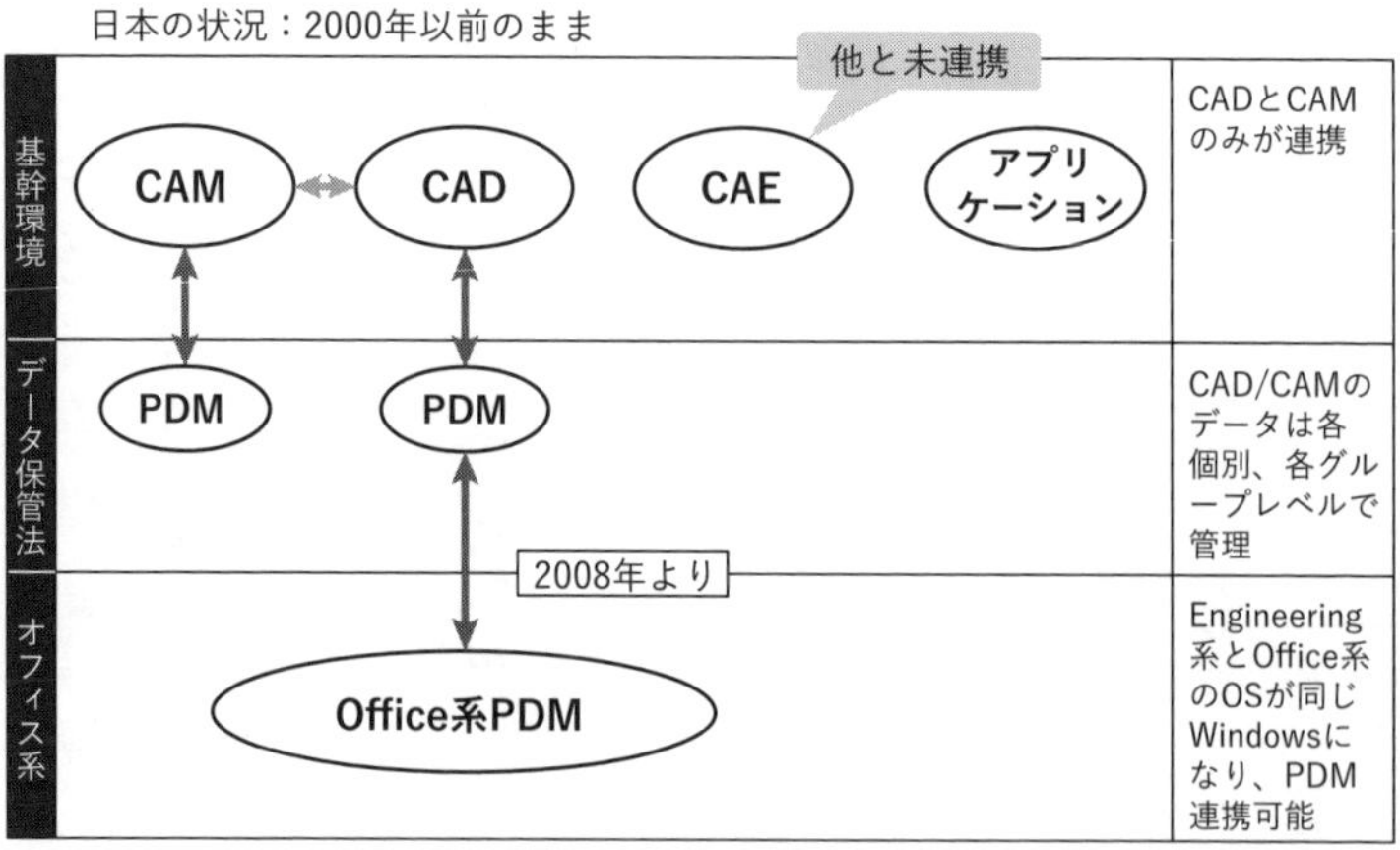

図0・7　20世紀のままの日本の設計環境

言葉が存在すると、ＣＡＥの専門家以外は興味を持たないことを懸念しているようだった。筆者が日本におけるＣＡＥの課題や現状を世の中に伝えるという本書のテーマ自体が、一般に受け入れられないことを危惧していたのである。それほど、ＣＡＥの分野は他領域、ビジネスと未連携で孤立した産業になっているようだ。

日本のＣＡＥ、設計環境の状況を**図０・７**に表現すると、ＣＡＥの分野は他との連携もなく、孤立している。実は、３Ｄ設計の進んでいない日本では、他の設計環境も継続的に更新されることもなく、２０００年以前のままと言ってよい状況である。ある意味、設計の産業が教育も含めて停滞していることになる。

ただし、停滞しているように見えるが、デジタルデータの流通は存在していることから、完全には止まっていない。遅れながらも、世界を追いかける様子は見ることができる。

しかし、ＣＡＥの分野はその中でもほぼ完全に孤立しているとことから、この分野の日本の将来への展望は描かれないままのようである。なぜこうなったのか、このままであるとどうなるのか、どうしたら競争力のある設計となるのか、設計環境の進化と活用はどうするか──などをテーマに、ここから記述していくことにする。

第一部 モノづくりビジネスのコアとして動き出したCAE

第一章

シミュレーション活用に関して日本で知られていないこと

一・一　ビジネスの中にあるシミュレーションモデル

２０１０年、ドイツがIndustry 4.0（インダストリー４・０）を発表した。ネットワーク環境活用のモノづくりということで話題になってから、すでに10年以上経過した。当時、この内容に世界は驚愕《きょうがく》したものの、デジタル主導で行われる従来の産業の改革、新たな産業の創出などはＧＡＦＡ（Ｇｏｏｇｌｅ、Ａｐｐｌｅ、ＦＡＣＥＢＯＯＫ（２０２１年に社名をMeta Platformsに変更）、Ａｍａｚｏｎ）などの動きを知ることで、自然と、速やかに、表面的理解と同調が続く。

社会には、インダストリー４・０に絡んだ言葉として「デジタルツイン」「バーチャルエンジニアリング（ＶＥ）」「デジタルマニュファクチャリング」などのバズワードが溢れるが、その本質の理解はあまり拡がっていないように思われる。特に、バーチャルでのビジネスでのコアとなるバーチャルモデルのパフォーマンスのデジタル化にはシミュレーション、ＣＡＥ活用が必須であり、モノづくりにおけるビジネスの基盤とも言える。

機能パフォーマンスのデジタル化がＣＡＥで行われる

３ＤＣＡＤによって製品形状のデジタル化が行われるようになり、３Ｄモデルの挙動もデジタル表現が可能となった。このため、例えば、製品モジュールの持つ長い腕のような部品の立体的可動範囲が簡単に表現でき、工場の製造マシンの稼働範囲などを明確にすることで、工場ラインのレイアウト検討も簡単に行うことができる。このような動きを解析する手法を「機構解析」という。

機構解析は、複数の部品で構成されるモジュール内のリンクなどを持った可動部品を運動方程式でモデル化し、数値積分により変位を算出して、時系列の動きを表現する方法である。従来は部品を剛体とし、また、リンク部のクリアランスも存在しない解析の方法であった。このため、部品の変形からくる遅れ時間や、各回転軸のそれぞれのクリアランスからくるガタ成分の挙動による遅れの動きを表現できず、実物による実際の動きとは、異なることになる。

現在はＣＡＤ／ＣＡＭ／ＣＡＥが連携し、力が加わった時の部品の変形はＦＥＭ（Finite Element Method：有限要素法）解析、また、各回転軸のそれぞれのクリアランスによる挙動遅れは、３ＤＣＡＤの公差解析で求めた累積されたクリアランス内での動きを機構解析で行い、各部品、各解析を連成して行うことで、実物と同じ挙動、同じ時間遅れを求めることができる。これらにより、可動部のクリアランスも、各部品の変形も考慮し、デジタルで表現することで、実物と同じ動きのデジタル表現が可能となる。２０１０年頃には、ＣＡＥを用い、理論的に原理原則に従ったモジュールの実物とまったく同じパフォーマンスをデジタルで表現できるようになったのだ。

納入されるのはデジタル化された形状、機能

形状のデジタルモデル、機能パフォーマンスのデジタルモデル、デジタル化された制御アルゴリズ

ムの3つを連携したデジタルモデルがほぼ現実（＝バーチャル）のパフォーマンスを表現するモデルとなる。このようなデジタルで表現したモジュールの3Dモデルとシミュレーションモデルの連携のため、序章で前述したように「シミュレーションモデル間I／F標準規格」を構築する目的のプロジェクトが設定する必要があるほど、2005年以降、すでに、欧州では3Dモデルとシミュレーションモデルがサプライヤーと自動車会社、メガサプライヤー間での納入物件の一つになっていたことになる。

一・二　制御指示アルゴリズムもバーチャルモデルに含まれる

制御設計と3D設計が連携

今から10年前、すでに一般製造品の開発費の70％以上がソフトウェアと言われていた（情報処理推進機構調査2013年）。モジュールの制御プログラムの効果的設計手法は1990年代に普及が始まり、日本も含めて世界中に拡がっている。従来、制御の動きを規定する制御アルゴリズムは、主に運動方程式の形で表現されてきた。その運動方程式の各項をモデル化し、それらを結び付けたブロック線図で制御アルゴリズムを表現する手法が、一般的となったのだ。

これにより、アルゴリズム設計の内容がわかりやすく、各機能がモジュール化された。属人的なやり方が主であった制御設計がガラス張りとなり、制御のアルゴリズムの共有が容易となっただけでなく、個々のモジュールを機能情報としてデジタル化することも容易となった。制御アルゴリズムのデジタル表現ができるようになったのである。ここから、制御設計の効率が格段に上がり、変革された。これが1990年代の出来事である。日本では、この手法は早い時期から普及しており、これだけを見ると世界の中でもトップクラスの普及状況と思われる。

次に、その制御設計のアルゴリズムは、モジュールの各部位が指示信号で正確にコントロールされるかどうかの検証が必要となる。この検証のため、さまざまなシミュレーターが構築され、連携活用されている。

例えば、モジュールのハードウェアをそのまま活用し、作動検証を行うハードウェア・シミュレーター「Hils（Hardware in the Loop Simulation）」、ハードウェアのかわりに3Dモデルを用いた「Mils（Model in the Loop Simulation）」、ECU（Electronic Control Unit）パフォーマンスのシミュレーター「Sils（Software in the Loop Simulation）」、すべてのモジュールを連携した車1台のシミュレーター「Vils（Vehicle in the Loop Simulation）」が登場し、それらが新たなビジネスモデルの主役になった。このHils、Mils、Sils、Vilsを説明することで、バーチャルモデルの位置付け、開発プラットフォームの役割が理解できる。そこで、この章では、その背景も含めて説明したい。

ハードウェアを用いた制御アルゴリズム検証シミュレーターHｉｌｓ

すべての部品、モジュールが組み込まれる最終製品の形になる前の個々のモジュールのハードウェア部品の組み合わせ、制御機能検証を行うことができるシミュレーターがHｉｌｓである。制御アルゴリズム設計のモジュール化と同様、1990年代に日本では導入された。このHｉｌｓは制御アルゴリズムを実装したECUを用い、現物モジュールの制御動作の検証を行う。この現物モジュール以外が実機シミュレーターとなる。

例えば、トランスミッション機構のハードウェアは検証したい実機を使うが、トランスミッション以外の車の各部位はハードウェアを用いたシミュレーターである。エンジンの出力はモーターからの出力であり、その駆動はタイヤから地面に伝わるのではなく、ダイナモでのトルク吸収となる。すなわち、ハードウェアを用いた車実機のシミュレーターの中に、検証するモジュールを組み込み、正確な作動が行われるかを検証するという、実機をベースとしたシミュレーターである。日本でのHｉｌｓの活用と普及は世界と比較しても、トップレベルで推移していると思われる。

Hｉｌｓの3Dモデル版がMｉｌｓ

2008年頃より、Hｉｌｓで用いられるハードウェア部品のかわりに3Dモデルを用いたMｉｌｓが登場した。制御アルゴリズムの3次元の挙動検証を3Dモデルを用いて行うことが可能となり、

提供：日刊工業新聞社

図1・1　実物の動きには、腕などの荷重による変形と隙間挙動による作動遅れが存在する

制御設計と３Ｄ形状が融合した検討が一般的になる。

当初、３Ｄモデルは剛体扱いであったため、部品変形による制御遅れや回転部位のクリアランスなどのガタ成分による制御遅れを表現するところまでの検証はできなかった。そのため、最終仕様での検証は、部品の変形、隙間ガタ成分の影響の含まれるハードウェアを用いて行うＨｉｌｌｓが必須であった。

しかし、Ｍｉｌｌｓ登場から１年半後の２０１０年頃には、３ＤＣＡＤモデルを用いて機構解析、公差解析、ＦＥＭ解析のＣＡＥ技術を駆使した結果を利用し、変形やガタ成分による制御の遅れを加味した検証手法が可能となった。**図1・1**は工業用ロボットであるが、これらのアームや関節部には重量による変形や、リンク部の隙間などが存在し、その変形や、隙間部の挙動による遅れ時間が存在する。このため、それぞれの腕部品を剛体や、関節部の隙間のないモデルで扱うと、実物とは違った動きになる。だが、前述したように、各部品の変形、隙間を累積公差で求めたリンク部の挙動をＣＡＥ解析結果として扱うことで、実物の動きを表現できることになる。

３Ｄ設計に不可欠な公差解析

ここで、Ｍｉｌｓの現実的挙動に影響を与える累積公差を説明したい。

公差解析は、設計時に設定された公差を持つ部品を複合した時の累積公差を解析する手法である。各部位の公差を積み上げた累積公差によっては、その累積のバラツキが重要部位に集中し、思わぬ挙動が生じることから、設計時にその累積公差も含めた公差解析が必要となる。

３Ｄ設計では、この解析によって品質に対する効果的な判断が可能となり、なおかつ、３ＤＣＡＤ上の設計段階で生産のバラツキも含めた検討もできるようになったことから、設計の必須解析手法になっている。この解析を行うことで、量産バラツキの影響を設計段階で明確にすることができる。ＣＡＥの機構解析、ＦＥＭ変形解析、ＣＡＤ上の公差解析と３Ｄモデルを連成させることで、実機とほぼ同じ現実（＝バーチャル）の動きをデジタルで表現できるのだ。

ＥＣＵの計算指示遅れもシミュレート

従来、制御アルゴリズムのプログラム計算時間は、ＥＣＵを実装し、実際のアルゴリズム計算の作

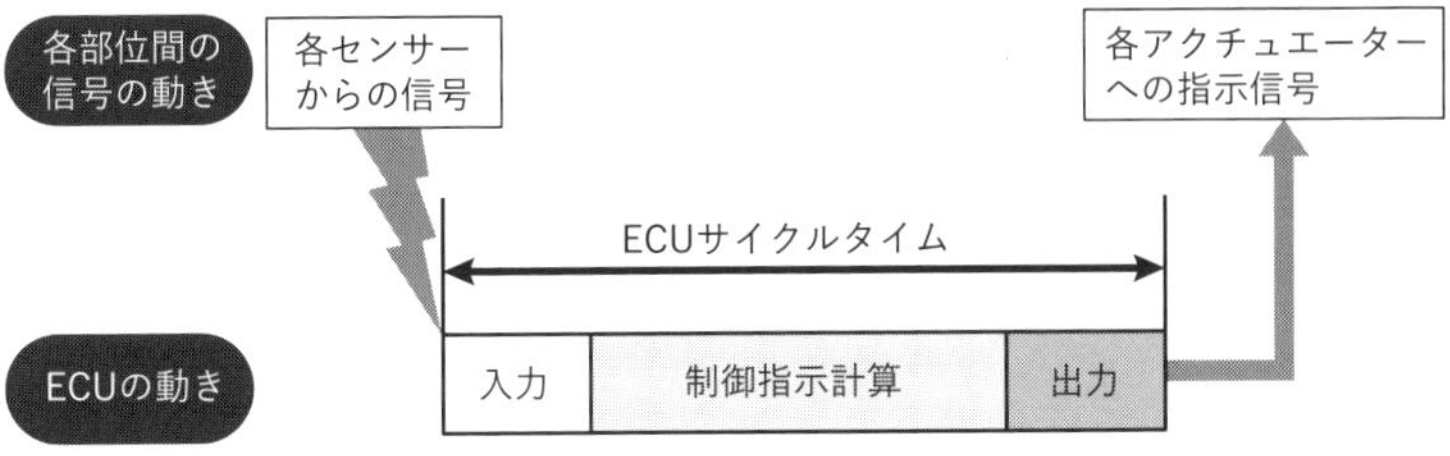

図1・2　制御アルゴリズム計算とECUの信号のサイクルタイム

動時間を把握していた。これに対し、２０００年代はじめには、すでに制御アルゴリズムの指示信号をアウトプットするまでの計算時間を探るシミュレーター　Ｓｉｌｌｓが登場していた。Ｓｉｌｌｓは、制御アルゴリズムの実装ＥＣＵのかわりに、ＥＣＵ計算のパフォーマンスを表現するシミュレーターである。

当初、精度は簡易確認程度であったが、このＳｉｌｌｓの解析精度が上がり、２０１０年頃にはＥＣＵのパフォーマンスを正確に評価できるレベルとなった。これで、実装ＥＣＵを用いた時のＥＣＵ計算能力の違いによる制御アルゴリズム演算時間を考慮した制御指示を出すシミュレーターとして、活用が可能となった。ＥＣＵの制御アルゴリズム計算による制御の対応遅れは、例えば、かつて、デジタルカメラが市場に出現した頃、そのカメラのシャッターボタンを押してから、実際のシャッターが下りるまでの時間差が存在し、決定的瞬間の映像を撮り逃がした経験のある方は、あの遅れ時間がＥＣＵのパフォーマンスに起因していたと考えて頂きたい。その遅れ時間を表現して制御指示信号を出すシミュレーターがＳｉｌｌｓである。

ＥＣＵの信号の動きを、**図1・2**にイメージする。制御機器からの情報が入力され、それに合わせた制御を行うために、計算が行われる。その計算後、機器の動きを指示する信号として出力する。ここまでが一つのＥＣＵの計算サイクルタイムである。ＥＣＵのパフォーマンスにより、このＥＣＵの計算サイクルタイムに違いが生じる。計算パフォーマンスの遅いＥＣＵでは制御指示を要求された動きに間に合わなくなる。そのため、それらのアルゴリズム処理にかかる計算時間と、信号のやり取りにかかる時間を正確にシミュレートする必要がある。

ＳｉｌｓがＥＣＵパフォーマンスの違いを表現できることから、制御許容時間の中で制御挙動が成立するＥＣＵを選ぶことも可能になった。このシミュレーターであるＳｉｌｓを用い、最適ＥＣＵパフォーマンスを選ぶことでＥＣＵのオーバークオリティーを防ぐこともでき、コスト検討も可能となる。組み込みソフトウェアを持つモジュールの推奨ＥＣＵパフォーマンスも、仕様として決めることができるようになったのだ。

制御アルゴリズムの作動検証が実機からバーチャルへ

簡単にまとめると、従来、最終製品の機能検証は各モジュールの実機を組み合わせた実車、実機検証を行った。基本的には実機が組み立てられ、その検証の準備ができるまで、制御アルゴリズムの検証ができなかったのである。Ｈｉｌｓによる検証では、実車がなくとも、各モジュール単体の作動検証が可能となり、この機能だけでも画期的な技術として普及した。このＨｉｌｓのハードウェアのかわりに３Ｄモデルを用いたのがＭｉｌｓである。このＭｉｌｓとＥＣＵの動きを表現するシミュレー

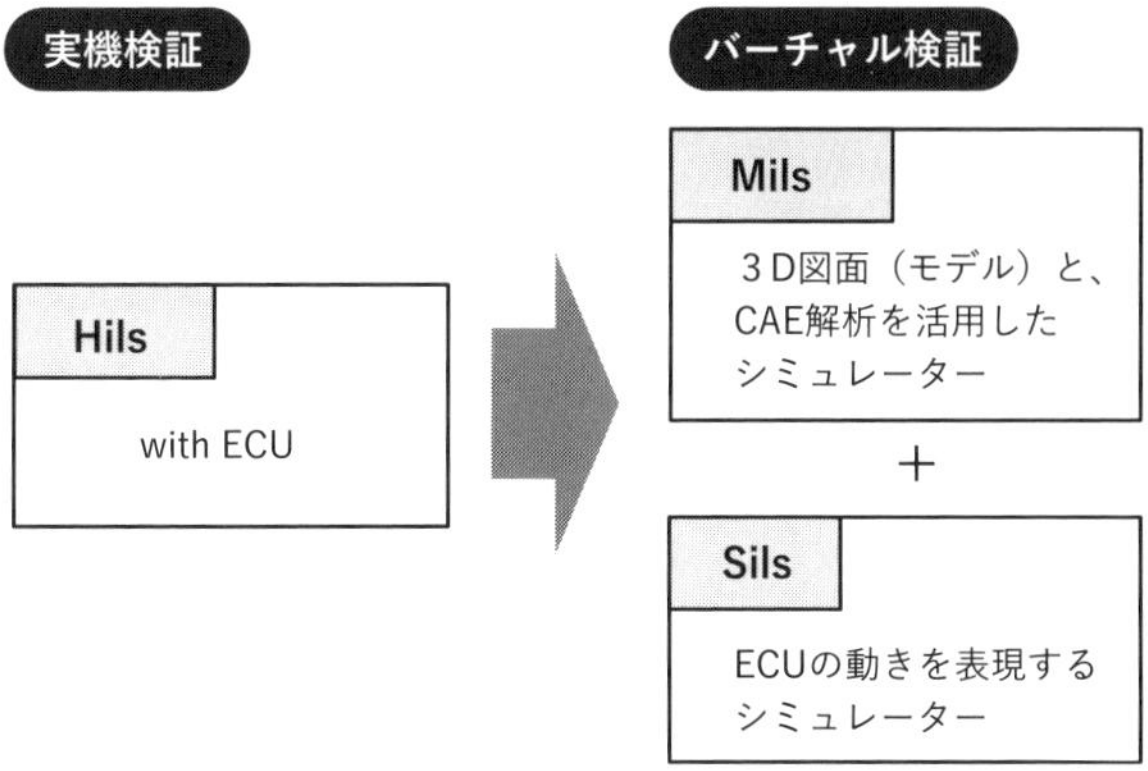

図1・3　Hils・ECUの代わりのMilsとSils

ター Ｓｉｌｓを組み合わせて行うのがバーチャル検証である（**図1・3**）。このように3ＤＣＡＤモデルとＣＡＥを融合させ、部品の挙動を加味した制御アルゴリズムの検証はＨｉｌｓと同等と思われがちであるが、Ｍｉｌｓを用いたバーチャル検証には次のようなメリットがある。

- ３Ｄ図面と制御アルゴリズムの設計終了と同時に、制御指示作動とフィジカル挙動の確認検証が可能である
- ３Ｄ図面情報から公差解析し、累積公差の上限、下限における作動遅れ時間の検証が可能である
- 累積公差の上限、下限における作動遅れ時間の結果から公差の上下限に対し、制御指示補正値を設定することが可能となる。このため、設計段階で製造バラツキによる制御作動変化を、無バラツキ時の動作へ数値補正対応する最適制御指示の設定が可能となる

従来、バラツキの影響を調べるためには、バラツキの大

表1・1　実機検証とバーチャル検証の比較表

検証種類	検証内容項目	検証手段		メリット	デメリット	検証精度
		制御指示	フィジカル挙動			
実機検証	①制御指示作動確認 ②フィジカル挙動確認 →3D挙動確認 →部品変形やリンク機構の隙間内挙動から生じる作動遅れ時間の検証	ECU	Hils：実機モジュールとハードウェアを用いたシミュレーター	●実機モジュールを用いた検証確認が可能	●実機モジュールとECUが完成するまで検証を行うことができない ●実機モジュールの製造精度で検証精度が決まる	○
バーチャル検証		Sils： ECUの動きを表現するシミュレーター	Mils： 実機モジュールの代わりに3D図面（モデル）と、CAE解析を活用したシミュレーター	●実機同様の検証確認が可能 ●3D図面と制御アルゴリズムの設計終了と同時に検証が可能 ●3D図面から、累積公差の上限、下限が求められ、その検証確認が可能 ●その結果から公差上下限に対し、制御指示補正値を設定することが可能となる。これにより物理的公差を数値補正することで機能保証範囲をコントロール可能になる	●3D設計が行われないと検証ができない	◎

きさを変えた複数のハードウェアの作成が必要であり、コストや日程的に検証が難しい。実際、1セットのみのハードウェアだけの検証になりがちであった。Ｍｉｌｓは製造の影響を加味した3Ｄ形状のデジタル化ができるので、バラツキの値を変えた3Ｄモデルを用意することでバラツキの影響表現もできる。

前述のメリットにより、量産時の製造バラツキを考慮した制御設計段階での新たな設計と機能品質保証の考え方が生まれた。このようなことから、Ｍｉｌｓでの検証はある意味、Ｈｉｌｓ検証の数段上の機能を持つようになった。Ｍｉｌｓは Ｈ・ｉｌｓでは不可能な検証が可能になっただけでなく、バラツキからくる機能品質の課題を解決できる新たな設計技

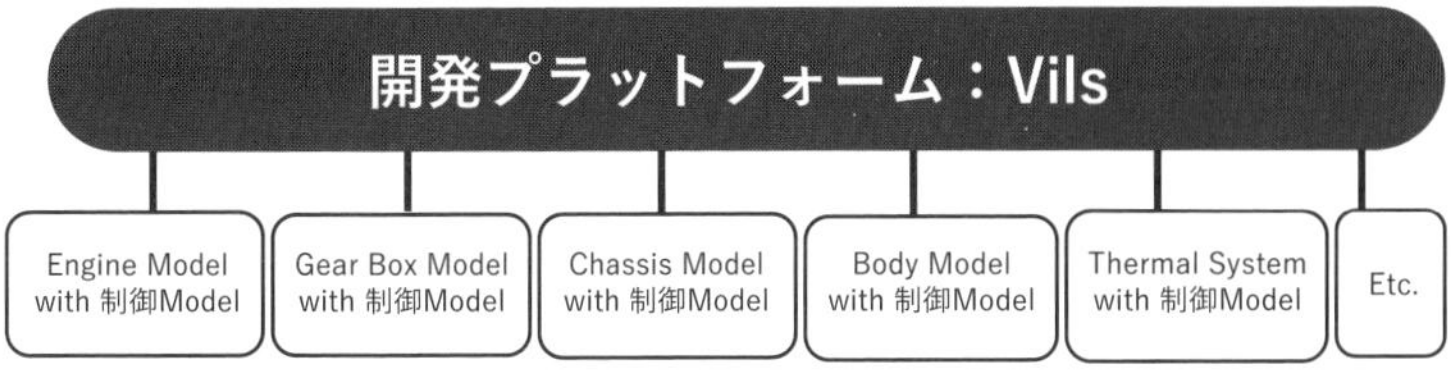

図1・4　開発プラットフォームと各モジュールバーチャルモデル

術として動き出したことになる。（**表1・1**）。

３Ｄ設計の普及が遅れている日本では、制御設計の検証に効果的な３Ｄモデルを用いたＭｉｌｌｓが未普及のため、ブロック線図で制御設計を表現した１Ｄのままの対応が続いている。そうした背景からも３Ｄモデルと未連携である日本の制御アルゴリズム検証は、実物を用いたＨｉｌｌｓの実機検証が中心となっている。制御設計の分野も、その制御検証では３Ｄモデルとの連携を行わない対応を続けていることになる。このことからも、日本の制御設計の検証のレベルは、Ｍｉｌｌｓが登場した２００８年以前の状態にあると言えるのだ。

すべてのモジュール連携のＶｉｌｌｓ

車１台分のＭｉｌｌｓ、Ｓｉｌｌｓと３Ｄモデルのバーチャルモデルを連携すると、車１台の挙動を検証可能な巨大なシミュレーターＶｉｌｌｓが現出する（**図1・4**）。

車１台のパフォーマンスを表現するＶｉｌｌｓはすべての部品、部位、制御機能のモデルが機能連携するようにモデル化され、車１台の制御アルゴリズムの検証だけでなく、車１台の持つ操縦性、燃費、走行パフォーマンスなどの車1台分の検討と検証が可能になる。すなわち、Ｖｉｌｓモデルは、車の持つ機能、各部位の機能、車の動きの中での部品の機能などの検証と検討まで行う巨大なシミュレーターを意味し、設計開発基盤となるプラットフォームである。その活用実態を眺めれば、ある部位（モジュール）のＭｉｌｓモデルを入れ替えることにより、その部位（モジュール）の持つ機能が影響する車自体のパフォーマンス評価が可能となる。バーチャルモデルを入れ替えることで、運動性能の比較を机上で行うことができる。

このような開発での検討、検証を行うやり方は一般に「モデルベース開発」と呼ばれている。日本で言われているモデルベース開発は、３Ｄモデルを用いず、１Ｄのモデルを用いた機能検討を行うことを指していることが多く、欧州、北米などで言われているモデルベース開発の手法とは内容が異なることがある。

一・三　バーチャルモデルが最終製品

バーチャルモデルとは?

３Ｄ形状のモデルとシミュレーションモデル、制御指示アルゴリズムをすべて連携し、連成解析を行うと、実際の最終製造品とまったく同じ形状、同じパフォーマンスを表現するモデルとなる。このモデルの挙動、変形、バラツキも含めた制御された動きは、他のバーチャルモデルと連携し、車1

表1・2　バーチャルモデルの機能と内容

No	項目	デジタル化表現方法	対応内容	機能	形態
①	形状のデジタル化	3D化表現	●部品の形状デジタル化 ●モジュール機構のデジタル化	モジュールの機能パフォーマンス	Virtual Model
②	機能パフォーマンスのデジタル化	設計仕様の原理・原則による理論的表現	●シミュレーションによる機能パフォーマンスのデジタル化		
③	制御アルゴリズムのデジタル化	モジュール各部位制御指示内容表現	●モジュール制御アルゴリズムデジタル化	モジュールの制御パフォーマンス	

台、飛行機1機、製造物1台の動きを正確に把握することができる。また、このモデルのデジタルデータでそのまま製造すれば、どこでも、誰が行っても同じモノを造ることができる。バーチャルモデルはモノではないため、手で持って、重さを感じることはできないが、そのモジュールの形状、機能をデジタルで正確に表現していることから、これは、すでに製品である。

形状と機能パフォーマンスと制御アルゴリズムのデジタル化

表1・2では、3つのデジタル化を示している。

その第一が「形状のデジタル化」である。2D図面のデジタル化は、1980年代に始まっていた。しかし、2D図面のデジタル化は図面自体のデジタル化であり、形状のデジタル化ではない。形状のデジタル化は3D設計、3Dスキャン計測などでやっと実現できるようになった。特に、3D設計は、1995年頃から世界中に、脅威的なスピードで普及し、ほとんどの製品、部品およびモジュール機構の形状デジタル化は世界の常識となっている。

第二には「機能パフォーマンスのデジタル化」である。設計仕様の持つ機能パフォーマンスを知るために、従来、実機によるテスト解析が行われてきた。機能を理論的な原理・原則によるデジタル表現であるCAE解析が20世紀の半ばから始まった。大学などの研究者向けではなく、一般技術者向けのCAEの市販が始まったのは1960年代であった。CAEによる解析は機能パフォーマンスの原理・原則による理論的なデジタル表現であり、基本的には一度理論的に証明された公理に従った解析なので、条件を把握さえすれば、非常に再現性の高い解析法となる。これが、CAE解析が発展してきた理由と言える。

形状のデジタル化の3DCAD上でCAEを用いることで、設計段階で製品の形状と機能パフォーマンスを同時にデジタル表現化できるようになった。これは製品モジュールの機能パフォーマンスのデジタル化であり、そのため、3Dの製品図面に機能パフォーマンスのデジタル情報が付加されるようになったと言える。CADとCAEが同一のデジタル環境で行うことができるようになったのは、21世紀の幕開けと同時と言える。

そして、「制御アルゴリズムのデジタル化」である。3D挙動検証については3DモデルとCAE結果の機能パフォーマンスを連携することで、ハードウェアを用いずに部品の変形、隙間ガタ成分の影響を含めた制御検証が可能となった。制御アルゴリズムの設計と検証に関したデジタル化については前述した通りである。

バーチャルモデルは3つのデジタルモデル

表1・2で示したように、形状のデジタルモデル、機能パフォーマンスのデジタルモデル、デジタル化された制御アルゴリズムの連携したデジタルモデルがバーチャル（ほぼ現実の）モデルとなる。このバーチャルモデルは制御コントロールされ、形状の持つ原理原則に従ったパフォーマンス挙動を示すことができる。すなわち、最終製造モジュールそのものとなる。

このため、バーチャルモデルは新たに情報を持った3D図面と解釈できるが、従来と変わったことは、その図面そのものがビジネス取引の対象となったことである。その図面の中にCAE解析結果であるデジタル情報が含まれ、CAE解析内容が製品の機能パフォーマンスとしてビジネス対象の価値を持つことになった。

2005年頃からCAE技術がビジネスのキーになった

このようなデジタルで表現したモジュールの3Dモデルとシミュレーションモデルが前述したように2005年頃から、すでに欧州ではサプライヤーと自動車会社、メガサプライヤー間での納入物件の1つになっていた。そのモデルとI／Fの標準化が早い時期から進められていたことがわかる。データフォーマットやI／Fの標準化、開発プラットフォームの提供、大学での新たな教育講座の新

表1・3　日本のバーチャルモデル扱いの状況

No	項目	デジタル化表現方法	対応内容	未連携	機能	形態
①	形状のデジタル化	3D化表現	●部品の形状デジタル化 ●モジュール機構のデジタル化		モジュールの機能パフォーマンス	
②	機能パフォーマンスのデジタル化	設計仕様の原理・原則による理論的表現	●シミュレーションによる機能パフォーマンスのデジタル化 →現状は単なる単体での解析のみ			Virtual Model
③	制御アルゴリズムのデジタル化	モジュール各部位制御指示内容表現	●モジュール制御アルゴリズムデジタル化		モジュールの制御パフォーマンス	

設、国際標準化機構（ISO）・日本規格協会（IEC）の整備など、社会インフラの変革も含めた新たな対応が進められてきた。その中でも、CAEの活用、普及が変化してきた。半世紀以上におよぶCAE技術の進展と普及が製造業のビジネス変革のキーとなり、大きく進んでいる。

日本のバーチャルモデルと展開状況

表1・3を見て頂きたい。形状のデジタルモデル、機能パフォーマンスのデジタルモデル、デジタル化された制御アルゴリズムの連携したモデルがバーチャルモデルであるが、日本ではそれらのデジタルモデルとの連携がほとんどなく、バーチャルモデルが成立していない。

日本の3D設計が遅れていることは序章で説明した。3D設計が遅れていることも理由の一つではあるが、設計仕様の検討としてのCAE解析の活用が進んでいない。日本のＣＡＥ解析の目的が欧州、北米の設計仕様の検討、機能のデジタル化などの動きと違い、新たな部品やモジュールの現象解明の解析技術構築を中心とした展開が多いように思われる。このため、既存の他のモジュールなどとの未連携の単体解析のみの動きが多い。

また、３Ｄ設計が遅れていることからか、制御設計との連携もほとんどない状態と言える。３Ｄ設計の遅れは、形状のデジタル化だけでなく、機能のデジタル化、制御設計との連携も行われず、バーチャルモデルが存在していないのが日本の現状となる。現在の状況はＣＡＥ、３Ｄ設計などの技術活用の遅れだけでなく、バーチャルモデルを用いたビジネス基盤自体が存在していないと言える。すなわち、世界の商取引、製造業ビジネスへの参加が不可能な状況とも言えるのだ。

日本のＣＡＥ技術活用の状況とその課題には他の背景も踏まえ、次章以降でも説明していきたい。

第二章

問われる設計の役割

二・一　設計の役割と範囲は大きく変化している

詳細部位の仕様は実験部門が決めていた

設計図は2Ｄ図であれ、３Ｄ図であれ、機能仕様と設計仕様を記録する媒体である。その機能仕様、設計仕様を決めるために検討すること自体が設計行為である。

筆者は今から40年以上前、エンジン開発の解析現場に所属していた。その当時、排気ガス規制の真っ最中であり、排ガス規制（通称マスキー法）クリアと排ガス規制後の出力競争への対応でエンジン実験部門は大変な忙しさであった。シミュレーションなどのデジタル技術も進んでいない時代であるから、実験解析による知見がエンジンの詳細部分の設計仕様を決めることが多かった。

設計側から出てくる2Ｄ図面の上に、実験側はテスト解析結果でわかったイメージを赤ペンで記述し、その設計形状の試作物を造らせ、その試作物でテストを繰り返すような対応の仕方で機能仕様を決めていた記憶がある。この場合、設計担当者は試作図面を描き、実験解析者が仕様を決めるという、双方合わせた設計グループとして設計していたことになる。エンジンのようにレイアウト、大きさ、目標パフォーマンスを初期段階で設計した後は、そのパフォーマンスを引き出すための詳細な設計仕様を引き出すような検討が必要となり、その手段は実験だった。そのエンジンの基本形状が初期設計で決まると、出力、排気ガス、燃費特性などのエンジンパフォーマンスの設計では、設計者は単なる図面描きの役目になっていたように思われる。設計図面を詳細に仕上げる事自体は設計の諸作業であり、設計という機能である仕様を創り出す本来の目的の一部に過ぎない。

本来の設計とは

エンジンを例に筆者の設計者に対する知見を申し上げる。新たなエンジン設計が行われることになると、コンセプト、目標機能を設定し、その機能を満たすための基本レイアウト、基本形状を初期設計段階で設計する。この対応が〝本来の設計〟と言える。

この段階における設計業務は、目標の設定、造り部門の対応検討、目標生産台数と投資回収までのコスト対応など、エンジンの知識だけでなく、あらゆる知識と経験を持った数名の設計者で設計が行われる。この設計者が〝本来の設計者〟である。このように本来の設計者は少ないのである。欧州の設計者と話をすると、設計者と名乗っている人は、このような立場である。

すべてではないが、設計部門にいる設計者と呼ばれる人には、早く図面を出図するために膨大な業務がある。当然、その膨大な業務をこなす設計担当者の中から、本来の設計を行う設計者へ継続的に成長し、生まれていることも事実である。

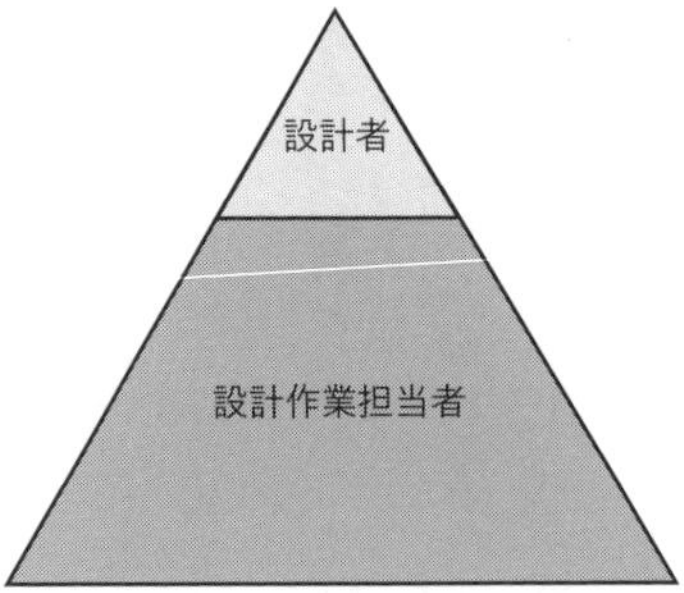

図2・1　人のヒエラルキー

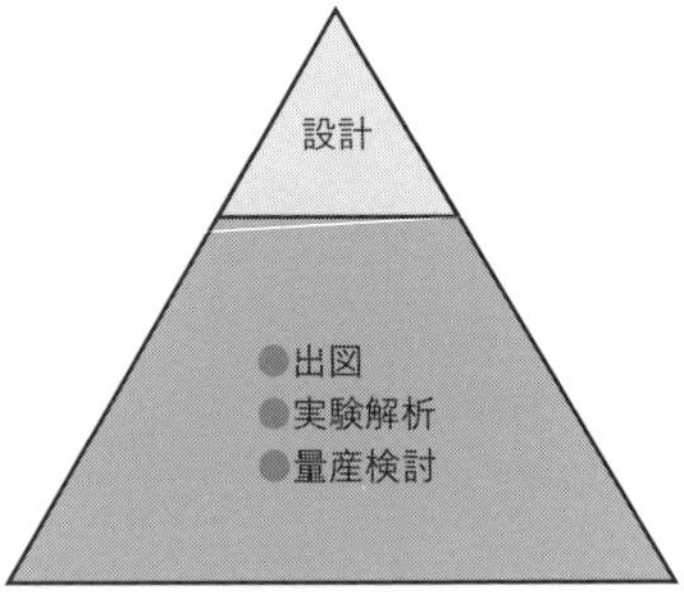

図2・2　作業のヒエラルキー

人のヒエラルキーと作業のヒエラルキー

これまで多くの設計現場と造り現場、実験現場などと、設計の考えや造り、新しい設計仕様の量産性についてスリワセなどが行われ、効果的な設計最終仕様が決定された。日本では設計者と設計作業担当者のヒエラルキー的な区別はあまり明確ではないように思える。それに対し、欧州においては、設計者と設計作業担当者は明確に分かれている。日本との違いは、そこにあるようだ。

日本でも第2次世界大戦前の設計は欧州のような対応をしていたようだ。例えば飛行機の零戦《ぜろせん》などの設計過程を見ると、その当時では設計者と設計作業担当者は別人であり、設計者の考え、設計した仕様を詳細な2D図に完成させる設計作業を請け負うトレイサーという役目の設計作業担当者が存在した。このような動きは日本の中でも長く続いたように思われる。

図2・1に設計者と設計作業担当者の「人のヒエラルキー」を、**図2・2**には「作業のヒエラルキー」を示す。日本の設計対応を見ていると本来の設計を行った後、その設計を行った技術者も含め、

現場の実験解析、量産検討、設計作業を進め、その流れの参加者が最終仕様を決める。人を分けたヒエラルキーではなく、作業段取りの順番の中で、作業のヒエラルキーを設定しながら、高い品質の量産品を、世に上市する形に思える。どちらかというと図2・1の「人のヒエラルキー」が欧州や戦前の日本、図2・2の「作業のヒエラルキー」が現在の日本のやり方を示しているだろう。

二・二　スリアワセで決めた最終量産図

試作物で進めたスリアワセ

工業製品開発の現場で見られたスリアワセについて説明したい。すべての例に当てはまるわけではないが、スリアワセは、設計と解析と量産現場のエンジニアの協業活動であり、お互いの持っている技術を用いた仕様決定の方法であったと言える。過去のやり方として風化し始めていると言われる方もおられるが、世界が日本のこのやり方を含め開発体制を研究したことは事実である。前述のエンジンの例でもわかると思うが、部品やモジュールの機能、造り品質、設計仕様の現場エンジニアによる検討がスリアワセである。これは設計者、テスト分野、造り部門の技術者の協業で製品の詳細仕様を決めてきた方法の一つである。

このやり方は、課題や新規機能などの検討を必要とする部位を設計側がいくつか仕様設定し、機能を設計最終仕様としてまとめるために検証用現物を作成する試作図を出図する。この試作図は、仕様検討用のいくつかの形状の対策案となり、試作物は複数作成する。これらの試作図でできた試作物を用い、解析エンジニアはテスト解析し、課題と機能を満たす仕様と形状の提案を行い、その後、解析エンジニアがテストで仕様検討をしながら、部品の詳細部位仕様を決める。この提案はレポートであったり、口頭であったりするが、形状は直接、紙の2D図に書き込み、設計とのスリアワセを加速させる。同様に、量産に適した形状を量産現場の技術者と検討する。条件として、参加するエンジニアは全員、図面が読め、図面指摘ができることである。日本では1976年まで、中学の技術家庭（男子）の授業科目に製図が入っていたので、日本の高度成長期も含めて、最近までほとんどの男性が、図面を読み描きできたことになる。そのような条件でスリアワセは効果を発揮した。

スリアワセのイメージ

このスリアワセのイメージを**図2・3**に示す。設計者、解析エンジニア、製造エンジニアがスリアワセを行いながら、製品の仕様を熟成するやり方がわかる。その結果は量産最終図として出図される。このため、最初の図面は検討用部品作成のために割り切った試作図である。検証の結果、目的の機能を満たす仕様が得られないときは、その都度、試作品を作り直していた。その後、設計者は最終形状の量産を行う図面として、残すことになる。

これで量産可能となる使い勝手、品質のいい最終仕様が設計されたことになる。また、造りに関し

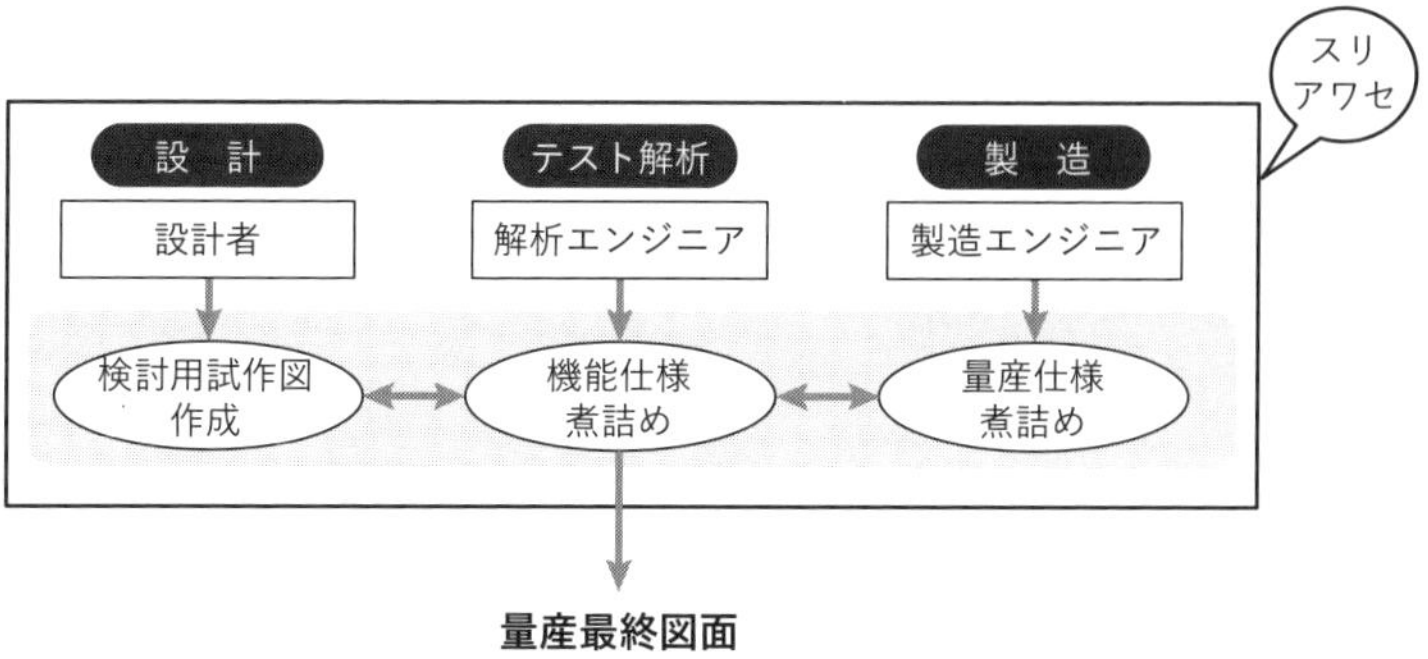

図2・3　スリアワセのイメージ図

て、製造検討を担当した工場が同じ製品を製造する関連工場の代表としてマザー工場と呼ばれるようになったようだ。マザー工場のスタッフが他の工場生産を技術指導することで、他の工場の製品の品質をマザー工場と同等にすることができた。グローバル企業の世界に点在する工場の品質はこのような手法で維持され、世界展開が行われてきた。

図面が２Ｄの時代、図面の解釈に自由度が存在し、３Ｄ形状が各工場で異なることもあった。そのため、造り現場のスタッフによる設計仕様の熟成が必要であったと言える。２Ｄ図を用いたモノづくりを、「図面のようなモノづくり」と呼んでいたことを筆者は記憶する。

その後、３Ｄ図面となり、３Ｄ形状を正確に表現するとともに規定することが可能となったことから「図面通りのモノづくり」となった。このため、マザー工場で行われたスリアワセの結果を「図面通りのモノづくり」の３Ｄ図面に反映することで、マザー工場のスタッフによる他工場での指導も少なくなったようである。また、モノを使ったスリアワセの効果は、例え、完全バーチャルエンジニアリング（ＶＥ）への移行が終わっていない製造現場においても、グローバル企業では３Ｄデータを用いた検討が日常的に行われるようになり、この「マザー工場」という言葉は現在では使われなくなってきたという。

　過去に、すべてがこのようなやり方をしたとは言えないが、２Ｄ図時代、主に行われたスリアワセにより、機能と製造の検討がなされ、品質の高い製品化が、日本のモノづくりとして評価されたのではないかと思われる。

二・三　バーチャルモデルを用いたエンジニアリング環境が必要な段階は？

新しい設計環境の導入に対して

　１９９０年代後半、日本の企業も、世界の新しい設計ツールを導入し、３Ｄの図面による新たな設計技術の向上を考えた。ただし、新しい設計環境に対する評価はそれを活用する設計の立場によって大きく変わる。

　市販３ＤＣＡＤシステムが世に登場した最初の頃は、３Ｄモデル作成などの扱いが大変面倒であった。当初は、３ＤＣＡＤ機能の中の作業性が劣っており、設計作業を行っている者にとっては受け入れがたいほど、２Ｄと３Ｄの作図作業性の違いが生じ、３Ｄでは作図時間が多く必要であった。しかし、設計の本来の目的に合った設計検討を正確に行う機能を持っており、例えば、形状をデジタル化することによる設計のレイアウト検討が実物以上に行うことができた。また、３Ｄ設計普及が始まった初期にはできなかったが、２００１年には、ＣＡＤの３Ｄ形状をそのまま活用し、ＣＡＥ解析を行うことができるようになり、設計仕様検討がテスト解析レベル以上になる。当初から本来の設計者には３Ｄ設計の発展性を理解できていたようだ。そのため、３Ｄ設計の将来像を考えた環境を構築する活動が積極的に行われることになった。

日本ではこの将来像を理解しないまま、３Ｄ設計を試みた例が多かったようだ。３ＤＣＡＤのユーザーの大多数が設計作業担当者であったこともあり、当初はコンピューター能力不足などの３Ｄ設計環境の完成度が低いことが理由の一つとも言えるその作業性の低さから、この新たな３Ｄ設計環境の導入は拡がらなかったようだ。

３Ｄ化は効率的であるという謳《うた》い文句もあり、１９９０年代後半から２０００年代前半、経営者が３Ｄ化のビジョンを設定し、新たな設計環境として投資し、進めたものの、作業工数の増加した設計作業担当者の協力を得られず、また、スリアワセを行うには当時、現場エンジニアとのコミュニケーションには２Ｄの紙図面が必要であり、解析、造りの現場からの協力も得られなかったように思われる。それらが重なり、日本では３Ｄ設計、ＶＥ環境の進展が難しかったという背景がある。本来の設計を行っているエンジニアの評価よりも、大多数を占める設計作業担当者の意見が強かったのではないだろうか。

設計が行うCAE

21世紀に入り、前述した本来の設計仕様の検討を行うことを目的とし、ＣＡＥを用いた３Ｄ設計が自由にできるようになった。これを推進したのは日本の企業の設計部門であった。その考え方の普及は筆者も含めて、２００1年から２００３年までコンファレンスなどでの活動を通して行ったが、３Ｄ設計の進んでいなかった日本では、その考え方と効果の普及は進まず、欧州がかわりにそのコンセプトを引き継いだ。データの標準化、Ｉ／Ｆの統一など、新たに必要な社会環境も整備しながら、環境構築を進めたことになる。その動きは、その後、日本ではなく、アメリカに渡ったように思われる。

日本の設計作業中心になってしまった設計現場では、設計段階でＣＡＥを使うということが工数の増加と捉えられ、設計者がＣＡＥを用いて、設計仕様の熟成という考え方を理解できるところまでは進まなかったと思われる。ＣＡＥ解析を行うことも「作業」という解釈になってしまい、設計作業担当者にとっては設計作業をやりながらＣＡＥ解析するという、作業が増えることを非常に忌み嫌ったように思われる。

設計とは

筆者は、世の中にない新しい機能を設計し、その設計機能が世界から評価されている元設計者と、最近、何度か話をする機会があった。その元設計者が言うことには「本当に設計を経験した人が、日本には少ないのではないか」――。設計者と言われるほとんどの人が、設計作業を中心に経験し、その行為を設計と称しているのではないかということである。

「設計とは何か」ということについて少し触れてきたが、ここに元東京大学総長の吉川弘之氏の意見を追加したい。吉川氏は「設計は知識（知っている物や事）の組み合わせ操作」（吉川弘之の一般設計学）と言っている。筆者の解釈を付け加えると「知識の組み合わせ操作による創造」なのである。すわなち、設計は作業ではないのである。

日本の大学の講座の中で「図学」「製図」「3DCAD講座」などを見ることはあるが、「設計学」としての単独講座を見ることはほとんどない。唯一、「設計学」としての単独の講座があったと言われているのが、この吉川氏の「一般設計学」講座であると聞く。

実際に設計環境でCAEを使えるようになった2001年当時、本来の設計者は非常に喜び、新たな設計仕様、機能仕様の設計対応へ役立てた。しかし、そのような設計者は非常に稀《まれ》であった。それは日本で設計を経験した人が少ないこともあり、日本ではこの良さを大多数に説明することはできなかったのではないかと思われる。

現在はバーチャルスリアワセ

スリアワセの条件として、参加するすべての技術者が図面の読み描きができることであった。半世紀前に義務教育から製図が消え、最後に製図を習った人達も還暦を過ぎ、現場から引退へと向かっている。３ＤＣＡＤが普及し四半世紀経つ。かつて現場で2Ｄ図を用いて行ったスリアワセも、肝心の2Ｄ図を自由に駆使する技術者が減り、時代は３Ｄ化を迎えた。日本の３Ｄ設計普及率は序章で説明したように、17%以下である。３Ｄデータを用いたバーチャルスリアワセは、３Ｄデータの流通とそれを解釈する技術者が少ない日本では普及しづらいと思われる。

２Ｄ図を用いた作業のスリアワセを行い、それが日本の専売特許であった。現在、欧州を中心とし、世界では機能パフォーマンスまでデジタル化ができているバーチャルモデルを用いたスリアワセは、作業のスリアワセから本質的な設計のスリアワセ、コンセプト、目標設計のスリアワセへと範囲が拡がっている。これが、日本と世界の差として現れていることになる。

COLUMN

半世紀前は義務教育の中に製図があった。今度はCAEで理論の理解

拙著『バーチャル・エンジニアリングPart3』でも紹介したが、1976（昭和51）年までに中学1年生だった方は義務教育で製図を習った。図を見ると、昭和52年に文部省（当時）から新たな告示が発行され製図の授業は終了したことがわかる。最後に習った方も、現在ではすでに60歳を越え、定年退職したか、定年が近づいている状況だ。1回目の東京オリンピック開催準備の始まる頃から、日本の中学の義務教育（男子）で製図は教えられていたのである。中学を卒業し、いろいろな職業に就いたとしても、日本における社会生活の中で形状を図面で表現することが、意外と簡単に行われていたことと思う。誰でも、2Dを用いた図面が生活の中にあったのかもしれない。

そのような社会環境から2D図面をコミュニケーションツールとして用いることのできる日本は、スリアワセなどでの製造品の品質向上を行うことができ、モノづくりの競争力を誇っていた、と筆者は思う。この義務教育が日本のモノづくりや産業一般に影響を与えている可能性があったと思われるが、それを実感した人たち

中学校技術・家庭科の内容の変遷

資料9－3

（標準時間数）

告示		学年					時間
昭和33年告示	男子	1年	(1)設計・製図	(2)木材加工・金属加工	(3)栽培		105
	男子	2年	(1)設計・製図	(2)木材加工・金属加工	(3)機械		105
	男子	3年	(1)機械	(2)電気	(3)総合実習		105
	女子	1年	(1)調理	(2)被服製作	(3)設計・製図	(4)家庭機械・家庭工作	105
	女子	2年	(1)調理	(2)被服製作	(3)家庭機械・家庭工作		105
	女子	3年	(1)調理	(2)被服製作	(3)保育	(4)家庭機械・家庭工作	105
昭和44年告示	男子	1年	A 製図	B 木材加工	C 金属加工		105
	男子	2年	A 木材加工	B 金属加工	C 機械	D 電気	105
	男子	3年	A 機械	B 電気	C 栽培		105
	女子	1年	A 被服	B 食物	C 住居		105
	女子	2年	A 被服	B 食物	C 家庭機械		105
	女子	3年	A 被服	B 食物	C 保育	D家庭電気	105
昭和52年告示	男子	1年	A～Iの17領域から7領域以上を履修				70
	男子	2年	A～Eの領域から5領域以上 A 木材加工1 A 木材加工2 B 金属加工1 B 金属加工2	C 機械1 C 機械2 D 電気1 D 電気2	E 栽培	1領域以上選択 F 被服 ～ I 保育	70
	男子	3年					105
	女子	1年	A～Iの17領域から7領域以上を履修				70
	女子	2年	F～Iの領域から5領域以上 F 被服1 F 被服2 F 被服3	G 食物1 G 食物2 G 食物3	H 住居 I 保育	1領域以上選択 A 木材加工 ～ E 栽培	70
	女子	3年					105
平成元年告示		1年	（必修）	（選択）3領域以上		（必修）	70
		2年	A 木材加工 B 電気	C 金属加工 D 機械 E 栽培 F 情報基礎	I 被服 J 住居 K 保育	G 家庭生活 H 食物	70
		3年					70 ～ 105
平成10年告示		1年	[技術分野]		[家庭分野]		70
		2年	A 技術とものづくり	B 情報とコンピュータ	A 生活の自立と衣食住	B 家族と家庭生活	70
		3年					35

告示	学年	[技術分野]				[家庭分野]				時間
平成20年告示	1年	A 材料と加工に関する技術	B エネルギー変換に関する技術	C 生物育成に関する技術	D 情報に関する技術	A 家族・家庭と子どもの成長	B 食生活と自立	C 衣生活・住生活と自立	D 身近な消費生活と環境	70
	2年									70
	3年									35

文部科学省ホームページより

中学校技術・家庭科の内容の変遷

は、ほとんどが第一線を退いたのが現状だ。

そうだとすると、２Ｄの製図があった半世紀前の義務教育の内容と同じように、今度は３ＤのＣＡＤオペレーションを中学の義務教育の中に設定することを提案したい。それにはＣＡＥも加えたい。現在ではＣＡＥの活用が簡単になり、中学生、小学生レベルでもオペレーション可能だ。ゲーム感覚でモノの挙動、現象を表現しながら、原理原則の理論に接するいい機会を持つことができる。

若い頃からこのようなことを体験し、知ることで、バーチャルモデルの活用や、ＶＲ（仮想現実）、メタバース、エンジニアリングチェーンでのビジネスなどなど、それぞれを理解するきっかけとなり、日本のモノづくり基盤の確保だけでなく、将来を担う人たちのデジタル技術の習得や進展への流れの創出に期待も生まれる。ぜひ、関係各位のご検討を期待する。

第三章

バーチャルモデルが中心となるビジネス基盤構築

バーチャルモデルがビジネスに

バーチャルモデルとは、形状のデジタルモデルと機能パフォーマンスのデジタルモデル、デジタル化された制御アルゴリズムが連携した、製品の機能を造りのバラツキも含めて表現できるデジタルデータであることを前章で説明した。このバーチャルモデル自体が、モノとして存在しないものの、従来の製品機能以上のパフォーマンスを表現できることから、製品そのものとしての扱いが生まれ、ビジネス取引対象として、すでにマーケットの中を行き来している。

そのバーチャルモデルを連携する技術、バーチャル環境でのビジネス展開のための欧州の施策、バーチャルモデルの持つパフォーマンスを活かした型式認証の法整備など、大きな動きが21世紀に入り、世界から聞こえてくる。その一部、特にCAEが絡む内容を本章で紹介したい。

三・一　シミュレーションモデル間I／F標準規格の構築

開発・設計の機能仕様を検証するためには実機テスト解析も行われるが、今ではシミュレーション解析が中心となっている。第二章の「図2・4　開発プラットフォーム」に示すように、エンジンモデル、ギヤボックスモデル、シャーシモデルなど、車1台を構成する各モジュールのバーチャルモデルを、開発プラットフォームに連携し、車1台のパフォーマンスのシミュレーション解析が可能となっている。

２００５年を過ぎた頃から、すでに欧州ではサプライヤーからバーチャルモデルの納入が行われていたことを前章までに説明した。また、そのモデルを連携するための「シミュレーションモデル間Ｉ／Ｆ標準規格」のＦＭＩ（Functional Mock Up Interface）を提案し成立させたのは、ＥＵ議会の産業育成プログラムの中に設定した国家間を越えたプロジェクトであり、この展開の動きを垣間見ることで、欧州のバーチャルエンジニアリング（ＶＥ）基盤ビジネスに必要となるデータフォーマット、インターフェース（Ｉ／Ｆ）フォーマットなどの規格を含めた標準化戦略が見える。

シミュレーションモデル連携の課題と背景

まずは、シミュレーション連携のためのＩ／Ｆとして、すでにデファクトスタンダードになったＦＭＩに注目し、ＶＥ環境の成立までの膨大な対応の姿にかけた多大な努力と時間を理解して頂きたい。

繰り返しになるが、おさらいしよう。21世紀に入り、３Ｄ設計とＣＡＥによる解析が普及した。その頃、欧州の自動車会社はサプライヤーから納入される３Ｄモデルやシミュレーションモデル対応の課題が表面化していた。それは、サプライヤーがそれぞれ、部品を開発した後、その部品のバーチャルモデルを自動車会社、メガサプライヤーへ納入する。ところが、自動車会社、メガサプライヤーは、車１台、製品１台のシミュレーションモデルを統合した複合解析を行いたいが多くの異なるシミュレーションツールが使われているため、ただちに連携した解析ができなかったのである。そのため、各シミュレーションの検討ごとにモデルのデータ変換や、I／F作成が行われていた。このため、設計の別スペック検討へのシミュレーションモデルの再利用ができなかったのである。

また例え、サプライヤーのモデルを自由に使えたとしても、サプライヤーのモデルスペック保護ができないことになるのである。このような課題は開発力向上には阻害となり、なおかつ、バーチャルモデルを用いたVE環境の構築が難しくなるという大きく、そして高いハードルとなっていた。そのため、2008年、「シミュレーションモデル間I／F標準規格」を構築することを目的にしたプロジェクトが設立された。この件は前章でも説明したが、背景について確認したい。

課題解決へのEUの動き

今から約15年前の2008年、EU議会の運営する産業育成プログラム（Flame Work Programe：FP）と、欧州各国中心の政府・国家間を越えた研究開発と事業化の共同体EUREKAが共同で企画した産業育成プログラムの中の下部プロジェクトとしてModelisarが設定された（**図3・1**）。この産業育成プログラムの一つに「ソフトウェアイノベーションの分野における業界主導のR&D&I（Inovation）プログラムITEA2」がある（2008年当時はITEA2、現在はITEA4）。このプログラムの下に、欧州プロジェクトModelisarが3Dモデルを用いたシミュレーション連携のために設定された。

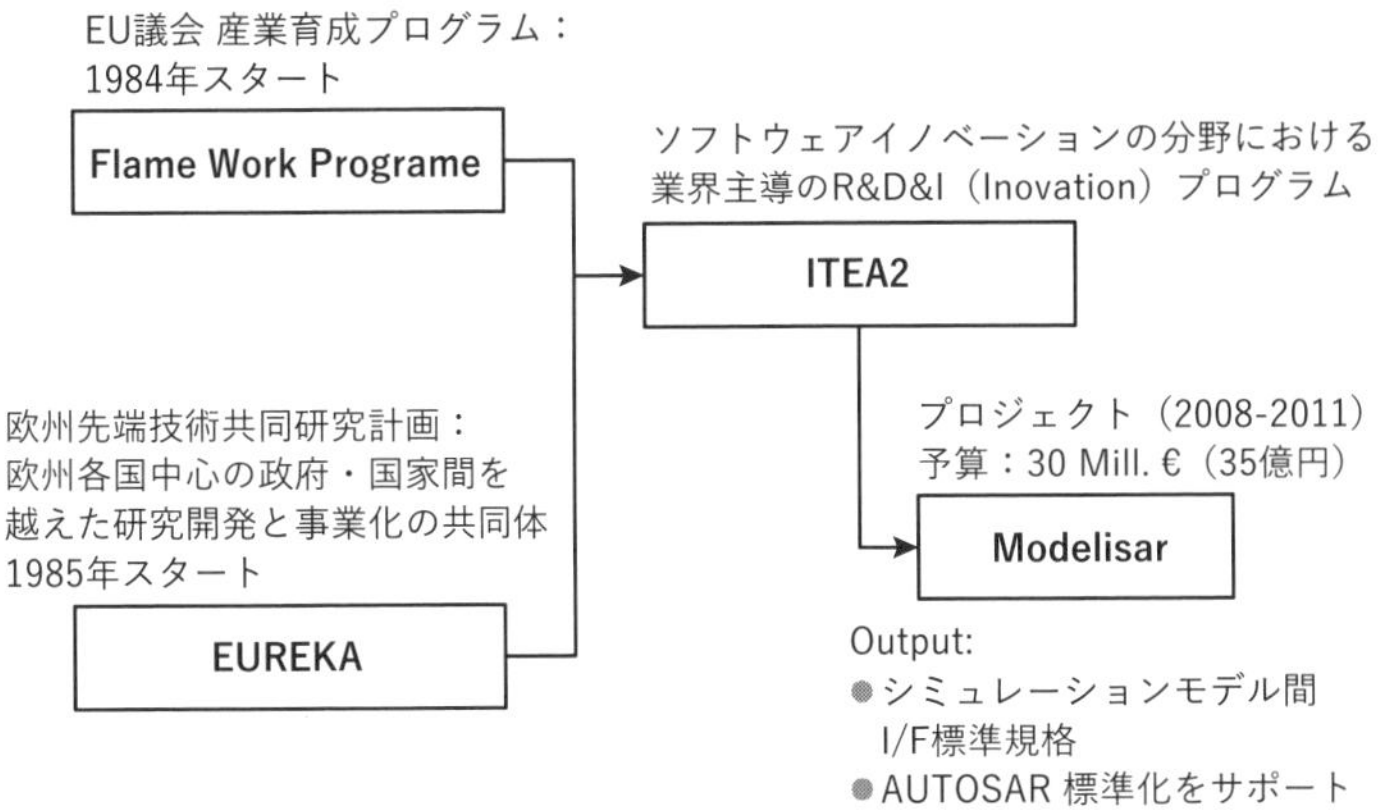
EU議会 産業育成プログラム：
1984年スタート
Flame Work Programe
ソフトウェアイノベーションの分野における
業界主導のR&D&I（Inovation）プログラム
ITEA2
欧州先端技術共同研究計画：
欧州各国中心の政府・国家間を
越えた研究開発と事業化の共同体
1985年スタート
EUREKA
プロジェクト（2008-2011）
予算：30 Mill. €（35億円）
Modelisar
Output:
シミュレーションモデル間
I/F標準規格
AUTOSAR 標準化をサポート

図3・1　Modelisarプロジェクトと欧州産業育成プログラムとの関係

このプロジェクトは、ドイツのダイムラー社がリーダーシップを取り、14の自動車会社を含む29の団体が協創したことで、シミュレーションモデルを連携するＩ／Ｆ規格が成立した。ＥＵ議会として、その予算30Ｍｉｌｌ．€（35億円）を捻出した。総勢29の自動車会社・団体がＥＵの予算とは別に手弁当で参加した。そのようなことをするほど「シミュレーションモデル間Ｉ／Ｆ標準規格」の必要性が高く、大きな課題であったことがわかる。

このＦＭＩは２０１１年より、欧州中心にほぼデファクトスタンダードとして、シミュレーションモデル連携を自由にできるようになった（**図3・2**）。ＶＥ環境は、ＦＭＩだけでなく、データ関連の連携に関する規格・標準化などの成立が必要となる。これらの規格・標準化などは１社の動きでは成立できず、産業界・国・国家間含む地域の共同で、いくつかの委員会、ワークショップ、プロジェクトなどを構築、運営を行い、長い期間を経た

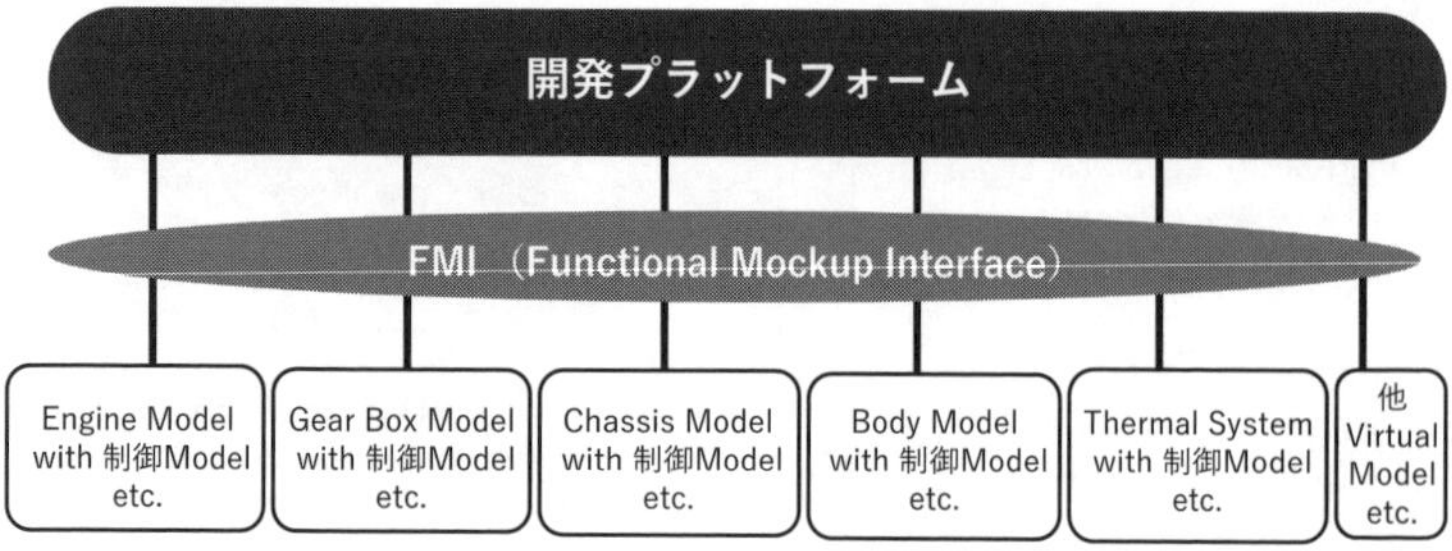

図3・2　開発プラットフォームと各モジュールを連携するI/F：FMI

標準化への議論や規格化への作業などの積み重ねの継続結果と言える。ＶＥ環境の成立にはそのようなデータ連携だけでなく、企業間、国家間の連携が必要であったと言える。

国家間、産業界で進める標準化展開

製品開発がＶＥ環境基盤へとシフトしている今日、バーチャルモデルの連携した検討、検証が行われる。連携を行うために、さまざまな分野の規格、Ｉ／Ｆフォーマット、データフォーマット、契約ルールなどが連成して活用される。

例えば、モノを連結するためのボルト・ナットにはメートルねじ、インチねじの標準化の歴史がある。世界中でモノが流通するとともに、ねじの標準化の必要性が論議されたと同様に、バーチャルモデルを連携することにおいても、個々の項目、課題を、洗い出し、その標準化を展開してきた歴史がある。全世界で３Ｄ設計を中心としたバーチャル化対応ビジネスが進展していることから、その連携のための新たな課題が現れ、現在も標準化展開が継続している。そのため、標準化活動は進行形の活発な展開状況と言える。

三・二　長期に渡りデジタルを含めた産業育成を推進してきた欧州

FPとEUREKAの欧州産業育成展開

ＦＭＩの構築成立のため、ＥＵ議会の産業育成プログラムとＥＵＲＥＫＡが共同して展開対応をしてきたが、このＦＰとＥＵＲＥＫＡはどのような活動なのか説明したい。

FP産業育成シナリオが1984年にスタート

ＥＵの産業競争力を強化するため、ＥＵ議会が産業育成シナリオを作成し、欧州多国間協力による包括的な研究開発プログラムであるＦＰが１９８４年にスタートした。このＦＰは欧州が日本、アメリカとの間に拡がったテクノロジーギャップを埋め、欧州産業のイニシアチブを取ることを目的に生まれたと言われている。この産業育成の政策シナリオの施行は現在まで、40年近く、継続している。当初は欧州諸国のみであったが、２００３年スタートのＦＰ６（第六次）から、産業における競争力の強化のため、欧州以外の国の参加という国際協力も始まった。ただし、ＦＰの基本的な考えは欧州地域中心の産業育成である。すでに、２０２１年スタートのＦＰ９（第９次）となるプログラムの概要が発表されており、欧州議会の産業育成シナリオは40年近く継続している。

研究開発と事業化のための欧州共同体

ＦＰがＥＵ議会発の産業育成シナリオであるのに対し、ＥＵＲＥＫＡは研究開発と事業化のための欧州の共同体である。政府と企業がより良い関係で展開するための欧州先端技術共同研究計画と言われている。設立は１９８５年７月であり、こちらも40年近い活動である。この構成の中に、ＥＵの中の欧州委員会と欧州の27の加盟国が参加、ロシア、カナダ、韓国など欧州以外の国も加盟し、41のメンバーで構成されている。

ＥＵＲＥＫＡはＥＵ議会下の研究計画ではないが、政府・国家間を越えた存在として、今日に続く。日本は国立研究開発法人新エネルギー・産業技術総合開発機構（ＮＥＤＯ）より「国際研究開発／コファンド事業」として公募による個別参加が行われている（https://www.ncp-japan.jp/news/30214.html）。

R&D&IプログラムITEA

ＦＭＩ「シミュレーションモデル間Ｉ／Ｆ標準規格」の構築にＭｏｄｅｌｉｓａｒというプロジェクトが設定されたことを前述した。ＭｏｄｅｌｉｓａｒはＥＵＲＥＫＡとＦＰが連携して設定したソフトウェアイノベーションの分野における業界主導のＲ＆Ｄ＆Ｉ（Ｉｎｎｏｖａｔｉｏｎ）プログラム

ＩＴＥＡの設定したプロジェクトである。ＩＴＥＡの活動について、公的ホームページ（ＨＰ）で調べた内容を抜粋する。

ＩＴＥＡのＨＰ（https://itea4.org/）には、

「ＩＴＥＡはソフトウェア・イノベーションに関するＥＵＲＥＫＡ Ｒ&Ｄ&Ｉクラスターであり、大規模な産業、中小企業、新興企業、学界、顧客組織の大規模な国際社会が、革新的なアイデアを新しいビジネス、雇用、経済成長、社会への利益に変える資金提供プロジェクトで協力することを可能にします。業界主導型であり、スマートモビリティ、ヘルスケア、スマートシティ、エネルギー、製造、エンジニアリング、安全&セキュリティなどのデジタル化によって促進される幅広いビジネスチャンスをカバーしています」

と記されている。

参加国は35カ国。アジアからは韓国、台湾、シンガポールが参加している。個々のプロジェクトのテーマに対し、日本の一部の企業の単独参加が見られるが、３Ｄ設計の進んでいないことが理由なのか、日本としての参加はない。これまでの23年間の活動では、２９９のプロジェクトが設立されている（２０２２年8月現在）。

欧州のシナリオ群の脅威

ＭｏｄｅｌｉｓａｒはＩＴＥＡの設定した２９９のプロジェクトの一つであり、ＩＴＥＡはＦＰと

ＥＵＲＥＫＡが連携して設定した研究テーマ推進プログラムの一つである。これらのシナリオは１９８０年代前半から続き、それらが汎欧州※だけでなく、世界的規模で実現に向けた活動を続けてきた。その状況の一部が日本で一般にわかったのは、アメリカ経由であったように思われる。

２０１３年2月、当時のアメリカ・オバマ大統領が一般教書演説でモノづくりをアメリカに戻す旨の見解を述べた。その実態が知らされ、世界中で新たなモノづくり改革が加速したが、そのトリガーが２０１０年のドイツ・メルケル首相の発表したインダストリー４・０の衝撃であるようだ。

三・三　型式認証がバーチャルテスト（ＣＡＥ）で対応

欧州の産業育成プログラムが40年近く前から展開していることを説明したが、ＦＰはＣＡＥを導入した新しい型式認証の方法として法整備を20年以上に渡って、進めている。ＣＡＥの使い方を従来の現象解析だけではなく、機能パフォーマンスを正確に表現することを目的とすることで、リアルテストで行っていた型式認証がバーチャルモデルによる解析でできるところまで来ている。５年以上前、拙著『バーチャルエンジニアリングＰａｒｔ１』でバーチャルテスト認証を紹介しているが、ＥＵの社会システム変革への基盤技術構築推進シナリオのコアとしてのＣＡＥの位置付けを説明したい。

ＦＰでのバーチャルテストの動向

従来のリアルテストによる型式認証制度をバーチャルテスト（ＶＴ）による認定制度へ変更し、その技術と制度を確立する動きは21世紀に入ったと同時にスタートした。その制度の構築を行うための動きはＥＵ議会がマネージメントする産業育成プログラムであるＦＰの設定するプロジェクト＆ワーキングで展開され、20年以上継続している。ＦＰのＨＰには、「欧州車両認証制度のプロジェクトは、国際認証制度においてＶＴ技術導入業務の支援を目的とし、広範囲のバーチャル技術により、欧州自動車工業の競争力加速を狙いとする」と記載され、この制度によって欧州の産業競争力強化を強く打ち出している。

この流れは、２００１年、ＦＰ５（１９９８―２００２）の中でＶＴ認証の可能性を探るＶＩＴＥＳという検討ワーキンググループ・プロジェクトからスタートした。それ以来、20年以上、継続展開しているのが欧州発のＶＴ認証ということになる。その内容は認証制度の革新であることから、技術構築、法規整備、認証のための社会インフラなど多岐に渡る。

主なＶＴ認証化のプロジェクトは、ＦＰ５ではＶＩＴＥＳのほか、ＡＤＶＡＮＣＥがある。これはシンプルに「シミュレーション技術の向上」をテーマにしている。よくありそうなテーマであるが、

※　汎欧州：汎＝全体にわたる意（広辞苑より）。このことから、「欧州全体」「欧州を一体的に捉える」。

ＥＵ議会の進めるプロジェクトであり、シミュレーション技術向上の政策なのである。これが21世紀初頭に進められたことになる。

その後、ＦＰ６では交通による道路犠牲者の削減の安全目標を達成するため、新たな安全技術と、関連産業の開発プロセスの効率化を図る設計ツール（ＣＡＤ）を活用した評価手法を開発し、欧州産業の競争力を高めることを目指したＡＰＲＯＳＹＳが設定されている。これにより、衝突保護の設計および評価へのＶＴを促進するためのガイドラインが作成された。

特筆すべきは、ＦＰ７のＩＭＶＩＴＥＲである。ＶＴを認可に使用するための取り組みを行い、認証化のための法整備と完全ＶＴ認証までのロードマップが提示された。このロードマップにより、認証制度の革新展開がマネージメントされている。

ＦＰ８には、電気自動車（ＥＶ）関連のＶＴとしてＳＡＥＥＶなど、自動運転関連のＶＴとしてＥＮＡＢＬＥなどがプロジェクト設定されている。

ＦＰの中で、設定されてきたＶＴ認証に関するプロジェクトの一部を**表3・1**に示す。

バーチャルテスト認証制度へ

認定申請のため、実車の形状や、ウィンドウ部、ドアノッチ部などの各部位の写真を掲載した書類を認可機関に提出する必要がある。この書類に掲載する写真は、従来は実際の車が完成した後、スタジオで撮影した写真を掲載していた。そのため、実車ができるまでは提出することができなかった。

表3・1　EU産業育成のFPで設定されたVT関連のプロジェクト

Framework Programmes		主なVT認証化プロジェクト		プロジェクト内容
		名前	期間	
FP5	1998-2002	VITES	2001/02-2004/01	VTの手順とガイドラインを作成
		ADVANCE	2001/02-2004/01	シミュレーション技術の向上
FP6	2002-2006	APROSYS	2004/04-2009/03	衝突保護の設計および評価へバーチャルテストを促進するためのガイドライン作成
FP7	2007-2013	IMVITER	2009/04-2012/06	VTを認可に使用するための取り組み
FP8	2014-2020	SAEEV	2012-2015	EV関連VT
		ENABLE	2016-2019	自動運転関連VT

しかし、10年以上前から、写真ではなくＣＧ（Computer Graphics）を用いることが欧州で許可され運営されている。このため、設計段階の仕様が決まった時点で、実車の写真のかわりにＣＧデータを用いた書類の申請ができるのだ。ＶＴ認証制度は部分的にはすでに運用されていることになる。この運営されている型式認証の法規が国連法規（ＵＮ Ｒ）である。

この欧州リードのＵＮ Ｒは国連法規「車両等の型式認定相互承認協定」として１９５８年に制定され、「58協定」と呼ばれている。58協定は何度か改定されているが、最近では２０１６年６月に改訂版が発行された。それまではこの法規にはＶＴ認証の取り決めはなく、「バーチャルテストを認可に使用することは原則出来ない」ことになっていた。そのため、ＶＴ認証の可能な項目は認証依頼として個別に検証し、その許可された項目はその手法も含めた内容の官報を発行し、個別に各項目の対応を行ってきた。これが

２０１６年の改定では、「仮想テストｖｉｒｔｕａｌ ｔｅｓｔｉｎｇ の可能性の導入」と記述されている。施行は２０１７年5月である。これによりVTを認可に使用することが原則、許可されたことになる。

この改定の中に、

- バーチャルテスト方法の一般的な条件
- バーチャルテストパターン
- コンピューターシミュレーションの基礎と計算
- ツールとサポート

なども含まれている。

認証について

ここで認証についておさらいしたい。さまざまな工業量産製品で法規・技術要件・安全性を満たした製品に与えられる認証を「型式認証」と呼ぶ。この型式認証は各国ごとに基準を決め、法規として運用されてきた。工業量産製品で法規・技術要件・安全性を満たした製品に与えられる認証は、個々の製品に対し、個別に認証するのではなく、型式に対して認証する。携帯電話などの通信機器や自動車、電気用品など、同一の規格・仕様で量産される工業製品に対して適用される。一般的に、型式認証は特定の国で製品の販売許可を得る際に要求されるものであり、そのため求められる要件は国ごとに異なる。

この認証制度は、日本で例えると、2022年に日野自動車が不正によりディーゼルエンジンの認証取り消しに加え、生産停止となるほど厳しいものである。それほど厳しい認証をVTで対応することを進めていることになる。

FP7 VT認証の法的整備と施行の手法：IMVITERプロジェクト

VT認証の可能性探査を目的としたFP5、FP6のプロジェクト結果から、VT認証の実現性を確信したEU議会はFP7で実際に施行するための手段と法整備へと動き出した。Final Report Summary–IMVITER (Implementation of virtual testing in safety regulations：https://cordis.europa.eu/project/id/218688/reporting/de) に報告がまとめられているので、一部の内容を抜粋して紹介したい。

- 欧州の自動車産業の競争性を高め、型承認手続きに伴う負担を軽減するだけでなく自動車市場の自然な発展を促進する
- 社会経済的影響を及ぼすVT認証の広範な実施を通じて、欧州の自動車産業の競争力をサポートし、強化することを目指す
- IMVITERの結果は、他の技術革新とともに、欧州の自動車産業が欧州経済の柱であり続けることを可能にする

- CAEの現在から将来の技術への応用、拡張も推進され、コンピューターシミュレーションツールの品質を高めるのに貢献する
- VT認証が欧州の自動車産業の技術開発と競争力強化をもたらす機会の利点があり、それが経済と雇用に反映され社会の利益となる

2012年に公開されたロードマップでは、2020年から完全VT認証を受ける予定となっているが、現在、コロナ禍の影響も存在するのか、いまだ完全VT認証の宣言は聞こえてこない（**図3・3**）。2012年から2020年までの時代の変化は、カーボンニュートラルから自動車のEV化が進み、また自動運転技術の導入が起こっている。これらの技術のVT認証化の検討プロジェクトがFP8で設定したことを「表3・1 EU産業育成のFPで設定されたVT関連のプロジェクト」で示したが、これらの整備が終了していないことが、2020年完全VT認証施行が遅れた理由ではないかとも推測する。

ところで、このロードマップを見ると意外なことに気付く。安全レベルを示す縦軸は、VT化が進むとともにその安全レベルが高くなるように示されている。すなわち、VT化することで安全レベルの信頼性が上がることを意味している。これはVTにすることで検証条件とその検証範囲の拡大が可能となり、量産バラツキなどの評価も踏まえ、認証検査内容がレベルアップされることが予想されるからと思われる。、特にモノによるリアルなテスト検証では、製造品質のコントロールができないことから、検証精度が下がることや、天候の影響からテスト検証の合格への安全サイドのマージンが必

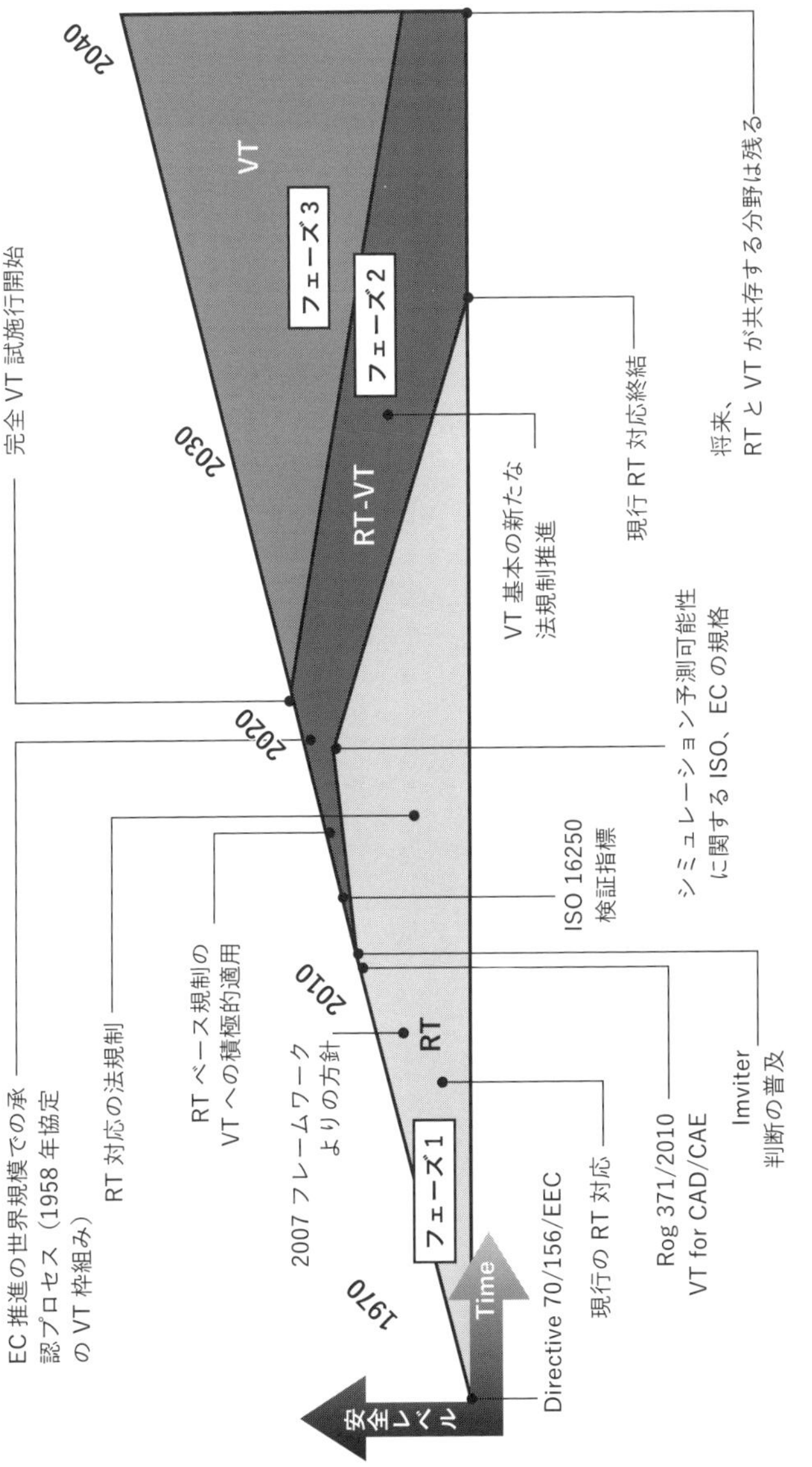

出典：Imviter 公式ホームページ、一部筆者追加

図3・3　2012年に発表されたバーチャルテスト認証ロードマップFinal Report Summary - IMVITER（Implementation of virtual testing in safety regulations）より

要なことなど、当局、製造者側の双方がＶＴの必要性を理解した結果だろう。このため、今後の認証時には幅の広い範囲での安全信頼性のレベルアップが要求されることになる。

ＩＭＶＩＴＥＲプロジェクトのＶＴ推進手法とその確立

ＶＴの精度保証も含め、法整備とその確立の展開がＦＰ７のＩＭＶＩＴＥＲプロジェクトの中で３つのフェーズに分けて進められた。

法整備も含めてＶＴ推進手法とその確立のための３つのフェーズの活動は、型式承認の当局と型式承認を受ける製造者側に分かれ、双方の考え方を整合しながら進められてきた（**表３・２**）。

○フェーズ１

最初に、バーチャルモデルを構築する技術の確立と検証を、自動車会社ＯＥＭを中心とした民間企業のみが担当。「シミュレーションモデルの確立と検証」を行う。この内容はすでにＦＰ５、ＦＰ６の各プロジェクトで探査されたシミュレーション解析精度も含めた結果を中心にまとめられたと言われている。

○フェーズ２

フェーズ１の結果から妥当性の確認と認定方法を公的認証機関と自動車会社ＯＥＭを中心とした民間企業の双方が担当し、協議を行った。「シミュレーションモデルの妥当性確認と認定方法」内容を双方で共有理解し、完全ＶＴ認証の成立を前提に相互理解が進められた。ＶＴは製造者側が行い、その比較対象となるハードテストの解析は当局と契約した第３者機関による実施を行っている。そのお

表3・2　IMVITERでの法整備への VT認証制度推進の各フェーズ

フェーズ	目的&項目	推進者	対応内容		
			ハードウェアテスト	判断とアウトプット	バーチャルテスト
1	シミュレーションモデルの確立と検証	自動車会社などの製造者側	●試作物 ●モジュール ●過去の解析結果	比較	●試作物 ●モジュール ●過去の解析結果
2	シミュレーションモデルの妥当性確認と認定	製造者側と承認当局	●承認当局選択項目 ●第3者機関による実施	比較 ＋ 品質／基準刈り取り	●承認当局選択項目 ●製造者による実施
3	型式認定	承認当局	●型式認定実施 ●第3者機関による実施	比較不要	●型式認定実施 ●製造者による実施

互いの解析結果を比較検証し、解析品質／基準を刈り取ったようだ。

○フェーズ3

フェーズ2で得られた共有理解を前提に公的認証機関のみが担当し、「型式認定制度設定検討&構築」が行われ、公的認証機関側が型式認定制度を設定した。この結果、ハードウェアテスト結果とVT結果の比較はすでに不要となっている。ということは、制約された条件でのVT結果はリアルテストとの整合が不要なほど信頼性があるということを2012年の段階で公的に宣言したことになる。これが完全VT認証の対応シナリオである。

20年を超えるEU議会のシナリオにより、CAE技術のさらなる向上と精度保証が進められた

プロジェクトが多数設定され、CAE技術の中で、解析条件と精度、3Dモデルと環境モデルなど

の研究を長年進め、個別研究では対応できなかった内容が、例えば、精度保証などがＥＵ議会のシナリオで調査し、考え方も含めた指針をレポートしている。日本では、日本機械学会などの設計関連のコンファレンスやＣＡＥ関連の技術研究会などの会場からＣＡＥの精度保証の質問が再三出るが、この質問内容の議論自体もいまだに進んでない状態である。それらも含めて、２００２─２００６年に行われたＦＰ６の段階で精度保証に対してほぼ目途が立ったと思われる。それがＦＰ７のＩＭＶＩＴＥＲのロードマップに繋がったと言える。

認証基準の統一化への動き

その法規の内容は大きく見ると、欧州中心のＵＮ Ｒとアメリカ中心のＵＳ基準の２つの流れが存在し、各国・地域の基準もアメリカを除き、ＵＮ Ｒ採用に動いている。そのＵＮ Ｒの内容の基となるのが、ｅｅｃ（欧州指令）と呼ばれる欧州の規格である。この法規の展開は、この先にはｇｔｒ（global technical regulation：世界統一基準）が考えられており、将来的には認証基準は統一される方向で動いている。

ＵＮ Ｒ採用の動向を見てみると、

- 中国／インド基準はＵＮ Ｒ改の基準へ対応中
- アジア各国はＵＮ Ｒをベースに整備途上中
- 日本基準もＵＮ Ｒへ切り替え中

表3・3　世界の型式認証法規体制の流れ

gtr（global technical regulation：世界統一基準）

UN R（国連法規）		US基準
UN Rの基	eec（欧州指令）	US基準対応国： 現在、北米（アメリカ、カナダ、メキシコ）以外ほとんどない
UN R改の基準へ対応中	中国基準	
	インド基準	
UN Rへ切り替え中	日本基準	
	オーストラリア基準	
UN Rをベースに整備途上	アジア各国	
	南米各国	

- オーストラリア基準、ＵＮ Ｒへ切り替え中
- 南米各国、ＵＮ Ｒをベースに整備途上中

ＵＮ Ｒは北米以外の地域で、順次適用展開が進む。

また、北米も欧州の推進展開の技術的連携は行われていることから、ＵＳ基準の中に欧州発の認証制度を取り込む形で今後進むと思われる。その欧州が２００１年より、欧州の産業育成プログラムＦＰのテーマとしてＶＴを用いた認証制度の導入展開を始めたが、そのＶＴ認証が世界標準となることが確定されたと言える（表3・3）。

欧州による標準化規格とCAEの役割

ＣＡＥ技術は製品の機能パフォーマンスをデジタル表現、評価することをさらに発展させることができた。その結果、従来、リアルなモノで実証してきたが、それにかかわるＶＴが型式認証の主役になったと言える。型式認証も欧州の標準化戦略の一つと言える。

その推進には20年を超える歳月をかけて、世界各国を巻き込みながら成立させてきたことになる。
２００1年にＣＡＤ／ＣＡＭ／ＣＡＥの連携が可能となった後、形状のデジタル化とデジタル化された機能パフォーマンスの連携したバーチャルモデルが、すでにＯＥＭとサプライヤー間のビジネス対象物として交換された。２００８年以降にはそのバーチャルモデルに制御アルゴリズムが連携され、バーチャルモデルが成長した。そのため、活用機能としての高い位置付けとなったのだろう。その前後に、連携のためのＩ／Ｆの標準規格を成立させるためのＥＵ議会発のプロジェクトができた。また、同様に、21世紀のはじめ、ＶＴ認証をＥＵ議会のシナリオの一つとして成立させるために、技術と法整備を進めた。

このように、デジタルの持つパフォーマンスを知り尽くし、それらを用いたデジタルの将来像を描いたのだろうと思う。特筆すべきはそのシナリオを描いたＥＵ議会側、産業側のリーダー達がデジタルのパフォーマンス、将来の活用の姿を知っていたということである。

２００1年以降、筆者らは日本で講演などでデジタルのパフォーマンスを用いた将来の姿について説明してきた。講演会などに参加された大学関係者の中から技術を集積した将来像を一緒に語ることのできる人物にほとんど会ったことはない。経済産業省の一部の官僚とは欧州の動きを理解したシナリオ展開で、何度か検討のミーティングは行ったが、その後の動きには繋がらなかった。それに対し、ＥＵ議会の展開を見ると、少なくとも、産学官の中でデジタルを用いた社会システムの将来像が共有されていることがわかる。

COLUMN

質問の多い「CAE精度」と質問の少ない「計測精度」

ＣＡＥ関連のテーマを集めた講習会で、何度か講演したことがある。そのような講演会で20－30年前から「CAEの精度はどうなんですか？」「CAEの結果は合うのですか？」という質問がよく出る。

ＣＡＥは原理原則の理論式を組み合わせて表現されていることが多い。ある意味、「原理原則の理論式を簡単に使えるようになったのがＣＡＥ」と考えてもおかしくはない。そうすると、「過去から現在まで活用してきた理論式が合っているのですか？」と同じ質問になってしまう。

10年前から、設計者のＣＡＥに関する機械学会講習会を開催してきた。教育の中でのＣＡＥを用いた設計講座を進めておられる、東大のＩ教授から面白い意見を聞いた。その講習会の中で、Ｉ教授は時として、単純な梁《はり》の計算でも計測と合わないことがあることについて説明された。理論式の計算でやっても、計測と合わない。では、有限要素法のＣＡＥと比較すると、理論式で解いた計算結果と有限要素の解析結果はほぼ一致する。計測が合わないのは、例えば単純な梁を拘束すること自体が理論式の設定条件と計測の実際の条件をまったく同じように設定できないことから、計測が合わないことが多いという。また、計測は測定者の影響や、測定物がＣＡＥのモデル形状と細部で一致していないなど、計測では合わせることが難しい条件が多く、意外と安定した測定結果が得られないことは現実のようだ。強度保証のため歪ゲージで計測を行う時、事前にＣＡＥ解析を行い、応力が集中する部分を理解した上で、そのポイントに歪ゲージを貼り、ＣＡＥと計測両方の結果から強度保証の判断を行った記憶が筆者にはある。

ＣＡＥ関連のテーマの講習会で計測に関する精度の質問はほとんど出ない。「ほとんどの人が質問しない」ということは、〝計測結果＝真値〟と解釈しているようである。このため「ＣＡＥ結果は合っているのですか？」という質問が多いのかもしれない。実際にＣＡＥと計測を使いこなしながら強度保証している会社では、耐久・強度要件を満たすためにＣＡＥで課題を探し、高い応力値が出ている近辺に歪ゲージを貼り、計測して製品の強度保証をしているというのが現実ではないだろうか。ＣＡＥ解析と計測を行ったことのある人からのＣＡＥの精度の質問はほとんどない。ＣＡＥの精度を質問される方は、一つには計測を行ったことのない人たちから、もう一つはＣＡＥに対して懸念を持っている人たちから、だと思われる。このようなことでＣＡＥの普及が遅れている可能性がある。

そろそろＣＡＥの精度についてのハッキリした見解を、欧州がＥＵ議会の産業育成プログラムが設定したプロジェクトでＣＡＥの精度を含む報告書を発行したように、日本でも公的機関から発信する必要のある時期ではないかと思う。

第四章

CAE/CAD/CAM連携の大きなポテンシャル

過去には設計者が計算尺を用いて設計仕様や技術的方向性を検討したことがあったが、現在では、設計者がＣＡＥを用いて飛躍的に精度の高い仕様検討ができるようになった。３Ｄ設計をＣＡＤ上で進めながらＣＡＥ解析を行うことが当たり前になったが、２００１年の21世紀に入るまで、ＣＡＤとＣＡＥの連携を考えることはできなかった。その理由はなぜなのかという疑問にぶつかる。

ＣＡＤとＣＡＥの技術構築の歴史と普及展開は大きく違う背景を持っている。ＣＡＤとＣＡＥの半世紀の軌跡と背景を知ることで、それ以外のデジタル分野も含めた開発・モノづくりの連携したビジネスの動向を考えたい。

「四・一　３Ｄ設計にうまくつながらないＣＡＥ」

３Ｄ設計への移行

自動車や建設機械、一般製造品の開発・設計では、過去から近年まで、設計形状とその仕様は２Ｄ図を用いて表現してきた。近年、その図面表現が３Ｄ化され、３ＤＣＡＤを用いた設計が普及した。３Ｄ化された図面データを用いた開発により、従来、試作機や試作モジュールが完成するまで検討できなかった検証内容が、この３ＤデータとＣＡＥ技術を用いて検討解析可能となった。

その３Ｄデータも当初は、２Ｄ図面を３Ｄモデル化する「モデラー」と呼ばれる専任者が存在していた。このため、設計者は従来通り、2D図を用いた設計後、金型作成などに3Dモデルが必要となる時には、モデラーへ3Dモデルを製作依頼していた。あくまで、設計は2D図中心で行われ、モデラーが3D化を行うという共同設計手法であった。

3DCADの設計機能が充実し、操作が簡便となり使いやすくなったことで、設計者が3DCADを用いた設計をシンプルで小さな部品から徐々に行うようになった。その後、3D設計の技術を会得した設計者は、3DCADを用いて、設計スタート時のレイアウト検討から最終出図まで、3D図のみの設計を単独で行えるようになり、その普及が始まる。金型作成に転用可能な細かいフィレット（製品の3次元形状において角部の内側、外側エッジ部の丸め処理）、抜き勾配（金型から成形品を取り出しやすくするために製品形状に設定する勾配）などを含む3D詳細形状を表現した設計者による3D図面が、1990年代には出図されるようになる。

この普及の対応の時期は自動車会社と一般製造業では多少違い、自動車会社が先行していた。また、自動車会社の3D設計化の動きは日本と欧州、北米では多少違っていたが、世界のサプライヤーとのビジネス協業が必要なことから、日本も含めた世界の自動車会社は2005年前後を目途にほぼ3D設計体制へ移行したと思われる。

CAE解析はCAEの専門家の仕事

四半世紀前のCAE解析は、CAE専任者が設計者の描いた2D図をもとにCAEモデルを作成

図4・1　設計とCAE分担作業

図4・2　設計者の解析するCAEの狙い

し、解析を行うという、分業化されたやり方が主であった。

当時の自動車開発においてはＣＡＥ専任者によるＣＡＥ解析業務が重要な役割を占めていた。３Ｄ設計への移行変遷時、前述したように設計室に図面の３Ｄ化モデラーが存在したように、ＣＡＥの分野でも、設計者の描いた２Ｄ図をもとにＣＡＥモデルを作成するＣＡＥ専任者が存在していた。また、部品の数や、計算時間の長いような大きな解析では、ＣＡＥ専任者の作成した３ＤのＣＡＥモデルを用い、ＣＡＥ解析を主に行う別のＣＡＥ解析専任者もおり、ＣＡＥ解析の解析専任者の対応するようにＣＡＥ分野でもヒエラルキーが存在していた。

３Ｄ設計が普及してもＣＡＥ解析はＣＡＥ専任者の仕事

３Ｄ設計が普及しても、設計から出てくる３Ｄ図面を参考に別の３ＤのＣＡＥモデルを作成する作業が行われていた。ＦＥＭ解析、ＣＦＤなどのＣＡＥ機能別に解析用のメッシュの大きさの影響特性を変えたいことから、例えば、強度解析、振動解析、流れ解析などのそれぞれの分野別のCAE専用のモデリングシステムが存在していた。これらは設計CADシステムとは別に用意されていた。CAE専任者のモデリング技術の良し悪しがCAE解析結果の精度に影響することから、この作業に対し、CAE専任者の技術とプライドの見せどころでもあった。

CAE解析結果を活用した設計仕様検討は

ほとんどの会社の設計部門では、個々の設計初期レイアウト（L／O）検討段階で設計者とCAE専任者が組みになって仕様を検討解析できるほど、CAE専任者が豊富に存在したわけではない。仮に、CAE専任者が豊富に存在し、その解析を行ったとしても、その結果が設計者へ届く時には、**図4・1**のように設計者は次の設計検討段階へ移行しており、**図4・2**のようにCAE解析と設計の同期した設計体制とは言い切れない状態であった。このため、設計者は設計仕様の検討・検証にCAE解析を活用したいものの、それを行うには難しい環境であった。

四・二　すれ違うCAEとCAD

現在ではCAE機能を持つ3DCADが存在し、設計を行いながらCAE解析を行うことが当たり前になっているが、21世紀に入るまではCADモデルを用いたCAE解析はできなかった。その理由に、ＣＡＤとＣＡＥの歴史、大きく異なる技術という背景を持っていたのかと思われる。その背景を知ることにより、今後のＣＡＤとＣＡＥの活用の方向が見える。

ＣＡＥとＣＡＤのマーケットの違い

１９９０年代の後半まで、日本では**図４・３**のようにＣＡＥ、ＣＡＤのそれぞれのマーケットは別々に確立されていた。

ＣＡＥのユーザーはＣＡＥのエキスパートであり、そのエキスパートが会社の研究開発の解析として、予算やコンピューターなどのインフラ管理も行っていた。また、ＣＡＥ機能の改善要望、新しいＣＡＥ機能、それに必要なコンピューター環境などの情報は、外部のＣＡＥベンダーと直接、情報共有しながら、ＣＡＥ専任者は常に、最新の技術を自ら追いかけることができる対応環境であった。このため、ＣＡＥベンダーとＣＡＥユーザーはＣＡＥマーケット内で予算と機能をやり取りすることができ、ある意味、双方は非常に良好な関係であった。

また、社内でＣＡＥ用環境などの投資の必要があっても、額が小さければ、経営者の投資案件にも上がることなく、ＣＡＥのベンダーとユーザーだけで、設計者の意見も入れず、閉鎖的な世界として動くことができていた。

これに対し、ＣＡＤのユーザーは設計者である。設計者の多く存在する会社では、ＣＡＤシステムの予算管理、インフラ管理はＩＴ系部門が管理していた。このため、ＣＡＤベンダーとユーザーであ

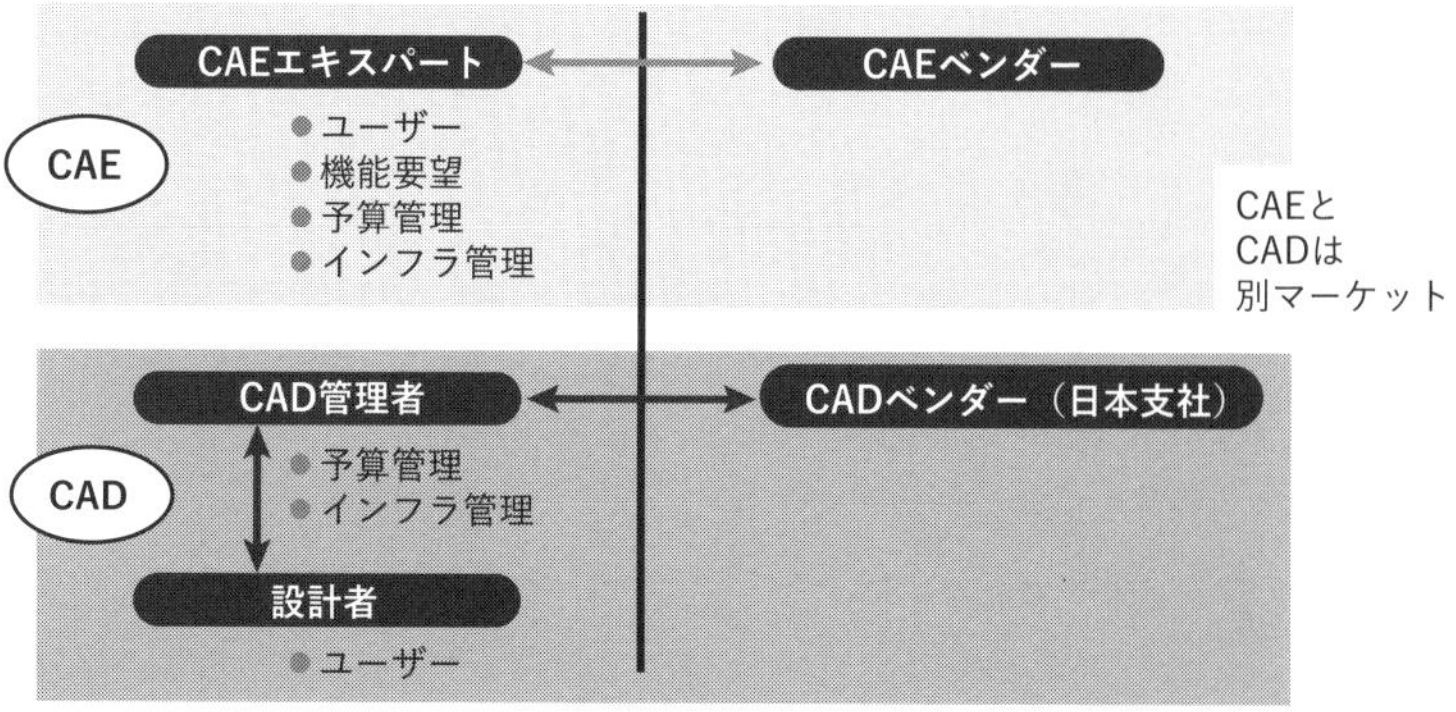

図4・3　CAEとCADのマーケットとユーザー（1990年代）

る設計者とは直接的な取引はしておらず、ユーザーとベンダー間の情報交換も、両者の間にIT部門の担当者が存在することになるから、ユーザーである設計者の意見や要望は間接的にベンダーへ伝えられていた。設計のエンドユーザーからのCAD機能の要望はその会社のIT部門CAD管理者へ、CAD管理者からCADベンダーの日本支社担当者へ伝えられた。その要望が日本支社から本社へ伝えられることになっていたが、実際、通じたかどうかはわからないままであった。このようなCADの分野ではユーザーとベンダーが間接的に対応する動きが続いていたと思われる。

プログラムの市販開始はCAEがCADより20年早い

現在では、巨大なCADベンダーが存在し、CAD/CAM/CAEの分野で大きく市場を動かしているように見えるが、プログラムの市販はCAEの方が20年ほど早く、歴史は長い。月探査を目指すアポロ計画で知られるアメリカ航空宇宙局（NASA）の技術として活用された有限要素法のプログラムはNASTRANで知られている。このソースコードが一般に公開された。それを用いて一般活用できるように編集され、市販プログラムが出てきたのが1960年代である。この1960年代にはそれ以外のCAEプログラムの市販も続々と開始された。

これに対し、CADは1980年代に航空機製造会社、自動車製造会社などの各企業内で開発した自社CADの一般市販とサービスが始まり、その普及展開が始まった。こうしたことから、大雑把に言うとCAEは1960年代から、CADは1980年代から市販の歴史が始まったと言える。

CAEとCADの異なる技術背景

CAEは物理現象を原理原則で表現する技術プログラムであることから、もともと大学などの研究機関のアカデミック分野の技術や人材との交流が多く、技術中心のマーケット展開が進められてきた。CAEプログラムにはCAE解析用のCAEモデルを作成する3次元モデリング機能が設定されていた。また、CAEモデルを作成する専用のモデリングツールも早い時期から市販されていた。

CAE専任者やCAEベンダーにとって、遅れて出現した3DCADのモデリング機能に対して「今更、モデリング機能のみを市販するのか？」という意識が強く、CAEモデルとは違う「3D形状の表現ツール」という扱いで見ていたようだ。このため、CADの持つ機能と将来性にほとんど注目していなかったと言える。解析のためのCAEモデルに対し、設計仕様を検討し、モノづくり全般に活用するための3DCADモデルとは、同じ3Dの形状モデルではあるが、目的、ユーザーなどが

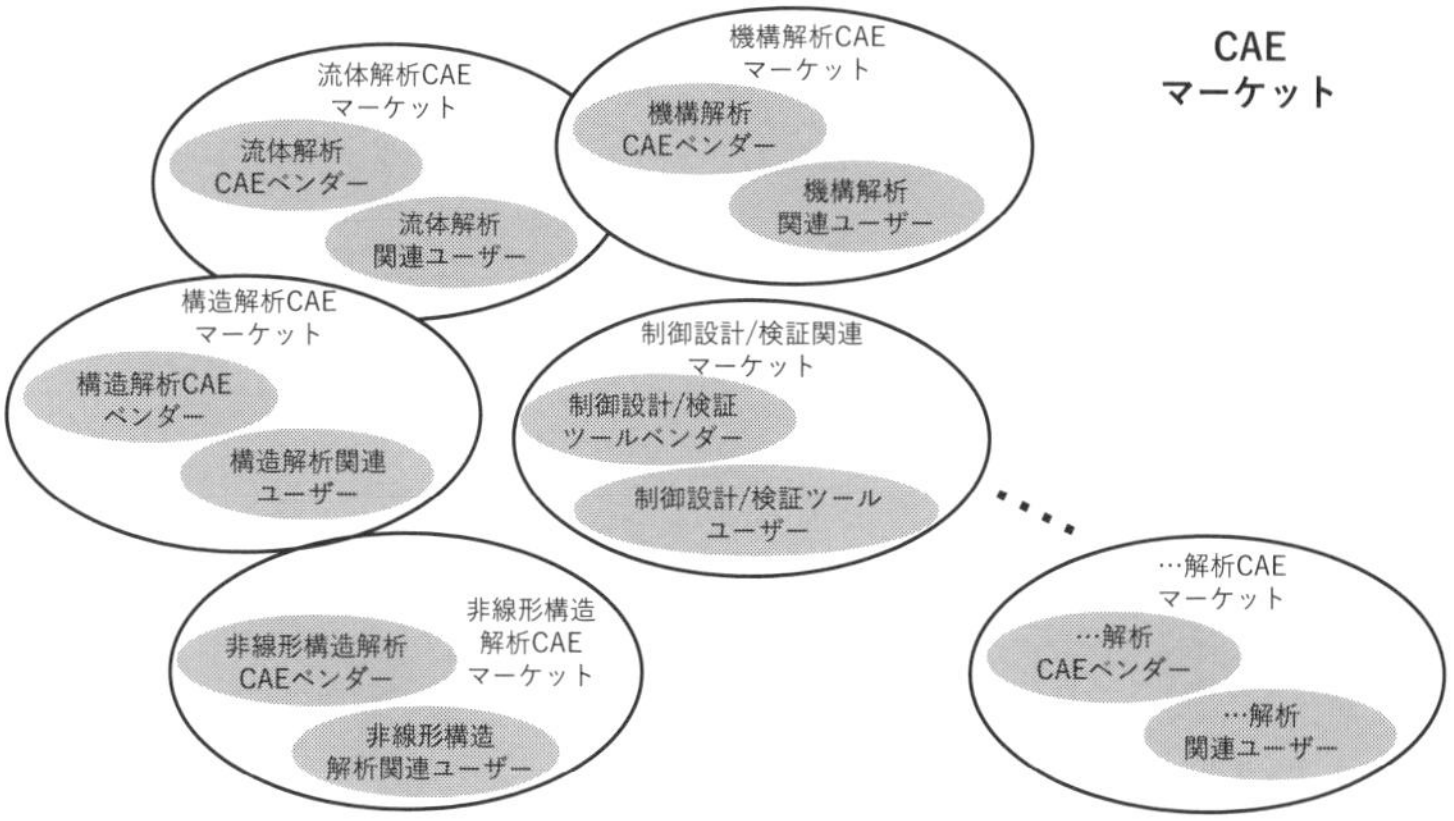

図4・4　機能ごとに存在するCAEマーケットとユーザー

まったく違う背景が存在していた。

CAEとCADはマネージメントも違う

ＣＡＥは構造解析、非線形構造解析、流体解析、機構解析、制御ツール、最適化などの専門技術分野ごとに各ＣＡＥベンダーと協業するマーケットが存在した。そこには、機能ごとのユーザーであるＣＡＥ専任者とＣＡＥベンダーが組みとなるマーケットが多数存在していたことになる。このため、機能ツールごとのマーケット展開となり、新しいツールができると新しいベンダーの新しいマーケットができるようなことも多々見られた（**図４・４**）。

ＣＡＥは単体の解析ツールの導入・活用と言える。それに対しＣＡＤは、そのアウトプットが３Ｄ図面ということもあり、図面管理システム、部品管理システムと連動した使い方から、システム導入、システム構築、システム管理という扱いとなる。ＣＡＤユーザーの設計者は図面管理などのシステムを用いた設計作業を行うための操作入力ツールとして3DCAD画面を使いこなすことが自然と拡がったという記憶が筆者にはある。

CADマーケットとCAEマーケットの連携はなかった

CADとCAEはマーケットが違い、技術的背景が違い、ユーザーが違い、マネージメントも違うことから、CADとCAEの機能連携を推進する必要性を考えることもなかったのではないかと思われる。例えば、CADのモデリング機能をCAEで用いるためには、CAEの機能ごとに違う3Dデータの標準化を行う必要性も生じ、個別に存在するCAEのマーケット間での大きな連携を推進することになり、それらを強力に統一化するリーダーシップが必要となる。CAEマーケットから見るとその連携がもたらす利益は必ずしも大きいとは思えない。それらも含めて、いくつかの連携しなかった理由があり、そのため具体的な連携活動もほとんどなかったと言える。これは、日本だけのことではなく、世界全体がCADとCAEを別々のマーケットとして、独立展開していたことになる。

四・三　設計者がCAEを用いて設計仕様熟成を行う要望

3DCADを用いて設計が始まった1997年頃から、設計者には以下のような要望が存在した。

「設計者の責任として、裏付けとなる計算を極力実施したい」

- 自分で設計して自分で作った3Dモデルの実力、すなわち、設計仕様の機能確認をすぐ行いたい
- （設計）変更箇所の効果の有無はその場で確認したい

だから、「簡単操作で高機能なCAEツールがあれば、設計者はCAE解析を実施する」という、設計者がCAEを用いて設計仕様熟成を行いたい要望が設計現場から生まれた。

設計者の意見では、CAE操作のプロではないので、操作は簡単にしたいが、設計仕様熟成を考えると解析内容は当時の最新機能の技術を用いたいという要望である。

設計仕様の検討精度を上げたい

3D設計が設計現場に普及するにつれ、設計の3D図（3Dモデル）は、フィレットや抜き勾配、ボルト穴、リブなどの詳細な形状がすべて表現された詳細な形状モデル（以後、詳細形状3Dモデル）となり、それを用いた設計仕様や造り検討が日常的に行われるようになった。このような設計検討にCAE解析結果を同期させたいという考えが、設計者自らCAE解析を行いたいという願望になるのは自然の流れと言える（図4・2）。

CAEの課題はCAEのモデル作り

1998年当時、CAE解析作業内容を分析したところ、設計者自身がCAE解析を行うことを阻害していた要因の8割は、CAE解析のオペレーションの煩雑さであり、その主なものが、

①CAEメッシュモデルの作成
②計算条件の設定

であった。

設計検討にCAE解析結果を同期させたいという設計者の願望を実現するためのカギは、設計室に3D設計図として存在する詳細形状3DCADモデルをCAEモデル化が容易にできるように「3DCADモデルのCAEモデル化自動メッシャ」を導入することであった。

部品のCAEモデル作りはCAE専任者が1カ月もかける仕事だった

当時、CAEモデルはCAE専任者が手でメッシュを切り、CAEモデルを手作業で作成していた。このため、例えば自動車のトランスミッションケースの1部品のCAEモデルの作成をCAE専任者の作業で1カ月前後費やしていた。また、コンピューターの計算時間が遅い時代であったので、計算時間をかけずに精度が出るように部位ごとにメッシュサイズを考慮し、3DCADモデルには表現しているリブ、フィレットなどは付かない形状精度の低いCAEモデルであった。

日本では、CAE環境と活用の普及のため、CAEベンダーが時間のかかるCAEモデル作成とCAE解析を請け負うビジネスも行っていた。そのCAEモデル作成は、例え3D図面が存在していてもその形状を読み取り、人の作業でメッシュモデルを作成し、1時間当たりの作業に対しての対価を支払うビジネスであった。この対応はすでに20―30年の長い期間を経て、価格体系も含めたビジネスモデルとして成立していた。このビジネスにおいては、作業時間数に対し対価が支払われるので、CAEモデル作成の作業時間を短縮することは、作業時間が減り、対価が下がる。どちらかと言えば、CADモデル用自動メッシュ機能が成立すると収益を失うことから、その開発検討は行いたくないことは、ビジネスを考えると仕方のないことと言える。

CAEを用いた設計検討の実現

CAEエンジニア、CAEベンダーの日本支社への「3DCADモデルのCAEモデル化自動メッシャ」構築の要望は、従来からのビジネスモデルを考慮すると実現性が乏しいと判断せざるを得ない。そのため、別のアプローチとして、CAEのビジネスをしていなかったCADベンダーへCADのモデルをCAEモデルとして活用することを提案した。筆者は設計側からの要望として、CADベンダーと「3DCADモデルのCAEモデル化自動メッシャ」構築のジョイントプロジェクトをフランスの大手CADベンダーと設定した。

CADとCAEは同じように3D形状表現であるが、その目的が大きく違うことから形状形成の考え方が違う。CADモデルは3D形状を詳細に表現するため、曲線と曲面を表現する。それに対し、CAEモデルは解析のため、点と点を結ぶ直線と平面で表現する。このように大きく考え方が違う。そのため、モデルの品質に対する基準も異なることになる。この品質基準レベルを合わせることも含め、技術構築が行われた。

CAEモデル作りは1カ月が5分に

ＣＡＥ専任者が手作業で1カ月の時間を要したＣＡＥモデルの構築が、当時の計算機の能力でも5分に短縮され、設計でのＣＡＥ解析適用に十分可能なレベルにまでなった（２０２３年現在では1秒以下）。

計算条件の設定の煩雑性に対しても、例えば境界条件の設定では従来、点と点の接触定義であったものを、面と面の接触定義へ改善し、モデル作成や解析準備も含め、結果が出るまで数週間かかった内容も1―2時間前後で解析結果が出るよう改善された。それが、可能となったのは21世紀初頭であった。このようにして、設計者がＣＡＥを駆使した検討手法を実現する環境が成立した。

その後のCAD／CAEベンダーの動き

２００1年、ダッソーシステムズ社の3ＤＣＡＤ「ＣＡＴＩＡ」の中でＣＡＤモデルのＣＡＥモデル化が可能となり、設計者がＣＡＤを使いながらＣＡＥ解析ができるようになった。これにより、設計者がＣＡＥを用いた検討を行うことで設計仕様のレベルアップに繋がることがわかったので、各ＣＡＤベンダーは同様の機能を装備しただけでなく、主要機能を持つＣＡＥベンダーの買収が始まった。

現在、3大3ＤＣＡＤベンダーのダッソーシステムズ社、シーメンス社、ＰＴＣ社はＣＡＥのほとんどの機能を連成して活用することができるようになった。他のＣＡＤ企業もほぼ同様にＣＡＥを活

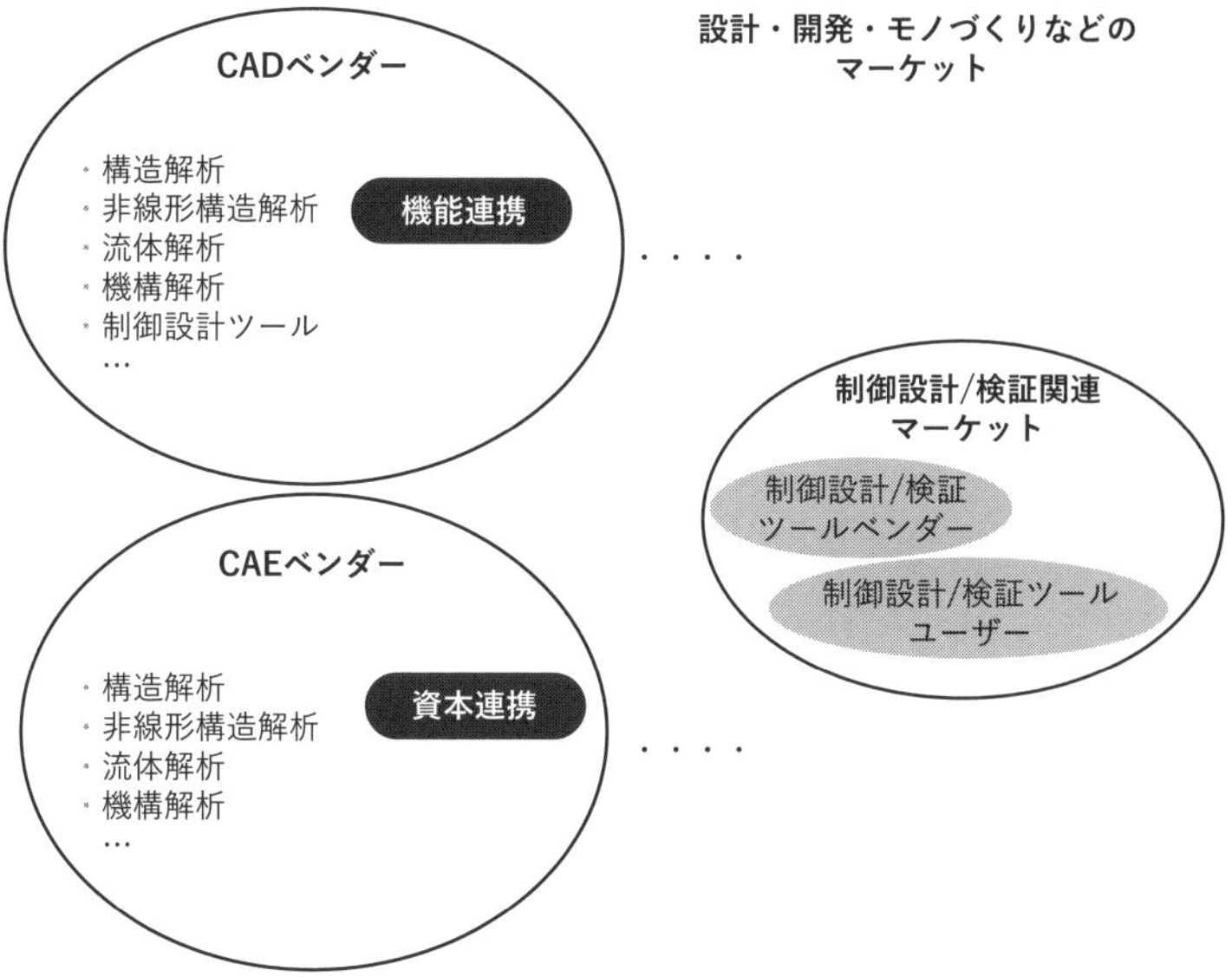

図4・5　ほとんどのCAE機能を集中させることになったCADベンダーとCAEベンダー

用できることを前提に、マーケット展開している。また、制御設計関連のツールと3DCAD、CAE解析結果との連成も可能な環境を構築、装備している（**図4・5**）。

それでは、CADベンダーに買収されなかったCAEベンダーの動きは単独で存在が難しくなったのか、会社同士が合併・吸収を行いながら集合し、CAEの各機能を持つコングロマリット化する。現在、巨大となったCAEベンダーを見ることができる。

CADベンダーでのCAEの扱いはデータ、I／Fの標準化を行い、機能連携を進めた。図のようにコングロマリット化したCAEベンダーでは資本の連携のみが見られ、2023年時点では、まだ機能連携まではには進んでいない。

かつてのＣＡＥ機能別のマーケットが存在したように、制御設計／検証関連のツールマーケットは存在し、活発に活動している。特に、日本でこの制御設計／検証関連ツールを用いているユーザー会は世界最大の規模を継続している。このマーケットの変化を今後の動向として眺めていきたい。

四・四　CAE専任者の本来の役割

設計者がＣＡＥを活用しながら設計仕様を成熟させる動きは拡がったが、１９６０年代よりＣＡＥ専任者がＣＡＥの技術、普及をリードしてきた。そこで、ＣＡＥ専任者の役割について筆者なりの考察を行いたい。

設計者自身によるCAEと専任者のCAEの違い

設計者自らがＣＡＥ解析を行うことと、ＣＡＥ技術を持ったＣＡＥ専任者が解析を行うことの違いは、筆者も含めて設計者が参加し、何度も議論されてきた。その議論の内容も加味し、設計者とＣＡＥ専任者のＣＡＥの使い方の違いを筆者が整理したのが、**表４・１**である。

表の「１．設計者のＣＡＥ」と「２．ＣＡＥ Ｗｉｚａｒｄ」の項目が設計者の行うＣＡＥ解析と筆者は考える。主に新しい機能設計のため、設計仕様検討にＣＡＥ解析を行うのが「１．設計者のＣＡＥ」である。「２．ＣＡＥ Ｗｉｚａｒｄ」は数値データを入力するとあらかじめ設定された条件の

表4・1　CAE種別と目的

	CAE種別	キーコンセプト	目的	結果の判断
1	設計者のCAE	●簡便オペレーション ●結果が早く出る ●電卓代わり →Virtual Test	L/O＆部品設計の中で判断/検討	●相対比較 ●設計上の判断
2	CAE Wizard	作業手順の自動化（Black Box化）	設計諸元機能の確認作業	過去判断基準
3	専任者のCAE①	新しい解析手法の構築＆技術探求	●解析可能性調査 ●過去トラWizard化	判断基準作成も含め、結果判断
	専任者のCAE②	大規模解析テスト代用	衝突・NV・空力などの車1台分におよぶ判断	現在/過去のテスト結果とコーリレーション
	専任者のCAE③	●解析請負 ●CAEモデル作成	設計下請作業	●過去判断基準 ●設計者が結果判断

もとでＣＡＥのプログラムが動き、計算結果と判断結果が出るようにマクロ化またはプログラム化された各設計部門固有の設計ツールである。各企業の設計室の設計技術環境として、このＣＡＥ Ｗｉｚａｒｄの整備普及が進んでいる。

ＣＡＥに関する情報交換会でよく出る質問の１つに、「設計者がＣＡＥを使うようになると、考えなくなるのではないか？」という小言も含めた意見を時々聞くことがある。これは「２．ＣＡＥ Ｗｉｚａｒｄ＝ただ単にデータを入力すれば、結果と判断が出てくるブラックボックス化した解析」とされ、これのみが設計者の行う解析であると勘違いされていることが理由と思われる。

設計者のＣＡＥ解析の各タイプに対し、専任者のＣＡＥを３つのタイプに分類した。表５・１の「３．専任者のＣＡＥ①」は新しい製品などの開発フローとは別の独立したマネージメントの下で新しい解析手法の構築と技術探求を主に行っている専任者である。どちらかと言えば、研究機関の研究者のような扱いとなる。

「3．専任者のCAE②」は車や建機、飛行機の全体に及ぼすような大規模解析を意味する。これらの領域は、CAE技術がスタートではなく、もともと実機解析の新たな技術構築の過程で実機テストの内容がCAE技術に置き換わってきた領域を示す。従来のテスト解析判断技術を持ちながら、3Dデータ収集技術やその大規模なデータ群を扱う技術が必要となり、それらも含めて対応しているのが「専任者のCAE②」である。

これらの分野は自動車開発の進展と同時に大きく変革、向上し、現在の衝突／車体空力などでは、CAE技術なしには自動車開発が成立しなくなった。自動車会社のCAE活用の状況が判りやすいことからこの領域と思われる内容がCAEに関する講演会などで講演されていた。この領域も近年の電算機計算速度の向上やデータマネージメント技術の発達から考えると、今後、より簡便な解析手法となると予想され、設計者やテスト解析者の分野で十分に解析利用の段階に入っていると考えるべきである。

「3．専任者のCAE③」はCAE解析の請け負いや、CAEモデル作成などのCAEの煩雑な作業を請け負う設計下請け的な業務を意味する。開発フローの中で煩雑なCAE解析を活用するために分業化で生じた業務と思われる。この分野は自動CAEモデル化が進むにつれ、縮小されると思いたいが、現実としてはCAEベンダーの収益の一つとしてビジネスが継続しているように見える。

また、各ＣＡＥベンダーと契約したフリーランスのＣＡＥ専任者がモデル作りと解析を請け負う仕事としての収入源である。このことから、自動ＣＡＥモデル化が進むことにより、フリーランスの仕事が減ることから、あえて、この分野の改革を進めていないようなことが感じられる。

企業によっては、このＣＡＥ専任者の３つの役割を、開発部門の担当者または同一のグループで行っていることも多く見られる。ただし現在、世界の開発の手法として、「専任者ＣＡＥ」から「設計者ＣＡＥ」への転換期の様相を呈していると思われる。日本では３Ｄ設計の普及が遅れていることから、「専任者のＣＡＥ③」がいまだに主流を占めている可能性が高い。

日本の設計力向上が進まない？

ＣＡＥ解析を有効に活用することで初期設計力が向上するだけでなく、初期段階でほとんどの設計仕様の判断が可能となった。当初は、設計検討内容が主であったが、これにモノづくりの検討もＣＡＤ／ＣＡＭ／ＣＡＥの連携効果でＣＡＭと連動したＣＡＥの活用が当たり前となる。そのため、３Ｄ図面が存在することで初期設計段階では設計仕様だけでなく、製造要件もほとんどが決定可能となった。この流れが前出したように「バーチャルエンジニアリングへの流れ」となっている。設計段階で設計仕様、製造要件もほとんど決定可能となった今日、３Ｄ設計が進んでいない日本ではその技術力、設計力の向上が進んでいないことになる。

COLUMN

CADとCAE連携の顛末記

1997年頃、CADモデルのCAEモデル化のための自動メッシャー構築と、CAE機能の拡充の要望についてユーザーである設計者は誰に依頼したら良いのであろうか―と大変悩んだ。

CAEベンダーの日本支社や日本のCAE技術者に対して「設計の3DCADデータを用い、設計者が自らCAE解析を行い、設計仕様の熟成をさせること」への提案を筆者たちは試みた。CAE専任者にとってCAEの門外漢である設計者がCAEを活用するイメージすら想像できない時代である。CAD側の設計者の立場に居た筆者は、マーケットの違う大手CAEベンダー2社の日本支社にその要望をぶつけたのだ。

その時、2社から言われた異口同音の言葉が「内田さんはCAEの素人なんですね。CADモデルを自動メッシュでCAEモデル化するということは不可能なんですよ!」であった。2つの大手CAEベンダーの日本支社から、取り付く島もない言葉を言われた。日本の設計現場の要望を、CAEプログラムを開発しているCAE本社の開発部門へ伝えることは難しいと判断せざるを得なかった。

設計は判断精度、CAE専任者は計算精度

「当時は」と言うべきなのか、「当時から現在まで」と言うべきなのか。CAE解析の精度に対する考え方は計算精度が中心である。このため、形状精度や実際の活用条件による影響を議論することが少ないのである。判断する精度や活用条件の精度、形状精度はCAE技術の前では二の次にされてしまう時代であった。設計者の言う詳細な形状、例えばリブやフィレットが設計仕様の機能にどのように影響するのか、鋳造の抜き勾配による断面厚さ変化を強度メンバーとして活用した時の強度変化はどのくらいあるのだろうか？といった設計の疑問を、CAE分野のエンジニアは理解しなかったのである。また、CAEはCAE専任者の仕事であると思われており、設計者がCAEを活用することはできないと思われていた時代であった。このため、設計者がCAE解析を行いたいと要望を出しただけで、CAE専任者からも不興を買うことになってしまったのである。

このような状況で、CADやCAEの管理の予算も持たず、CAEエンジニアのようにCAEベンダーと長年の付き合いもない設計者が直接、CAEベンダーへ提案しても、聞く耳を持たれなかったのは仕方ないことかもしれない。当時は、設計者がCADのモデルをCAEモデルとして活用し、CAE解析することの要望を出すこと自体が、タブーであったと言える。

そんなことから、設計者のCAEに関する要望をぶつけるところが日本にはなかったのである。そのため、設計の所期目的を満たすためにはCAE分野とは違う新たなパートナーを探さざるを得なかった。

余談であるが、筆者の所属していた会社は、フランスのCADベンダーであるダッソーシステムズ社の3DCADのCATIAを使用していた。CATIAはダッソーアビエーション社という航空機製造会社のCADとして開発され、その利用を提案した会社がドイツのD社と日本のH社である。この2社が最初のCATIAユーザーであった。

そのため、そのCADシステムが商用として一般に売り出される前、ダッソーシステムズ社が設立される前からビジネス取引の歴史があった。このようなことから、筆者の所属していたH社は、日本支社を通さずに、直接、フランス本社へ要望を伝える役員ミーティングを年2回行っていた。このルートを用い、ダッソーシステムズ社の社長、役員参加のミーティングにこのテーマを出し、説明を行った。

英語の苦手な筆者は、リンカーンの演説「人民の、人民による、人民のための政治(Government of the people, by the people, for the people)」を真似、「CAE of the Designers, by the Designers, for the Designers」と机を叩きながら説明し、ダッソーシステムズ社のトップマネージメントへ直接、理解を求めたのである。筆者はトップに要望を伝えるルートを持った幸せ者だったのかもしれない。その甲斐もあり、1998年、CADベンダーと「詳細形状3Dモデル用自動メッシャー共同開発プロジェクト」の発足にこぎつけた。3年後の2001年に、所期目的である「詳細形状3Dモデル用自動メッシャー」が出来上がった。

CAEとCAD連携は日本が先駆け

このプロジェクトへ参加したメンバーと筆者は2001年より、日米欧で講演、執筆活動を行い、設計がＣＡＥ解析を行う必要性と効果についての普及を進めた。ＣＡＥ機能を増やすため、欧米のＣＡＥベンダーを理解させることを目的で始めた活動であったが、２００４年前後から複数の欧米大手ＣＡＤベンダーの設計ツールに設計者向けＣＡＥ機能が見られるようになった。我々が悩んだ末に行ったＣＡＤとＣＡＥの連携技術の構築提案は、欧米からは出なかったものの、その目的を理解した欧米大手ＣＡＤベンダーは、ものすごい勢いでその技術の構築を行ったと思われる。また当時、ＣＡＤ／ＣＡＭモデルのＣＡＥモデル転用し、活用する例がなかったことを裏付ける例として、その特許を２０００年に日米で出願したところ、２００５年に異例の早さで米国で特許成立となった（United States Patent 6882893）。

このＣＡＤとＣＡＥの連携後、ＣＡＥ解析方法や解析する人の役割も変化してきたと思われる。３Ｄ設計が普及した現在では、３Ｄ設計された３Ｄ図をそのままＣＡＥモデルに作成する自動メッシャ機能の発達と電算機計算速度の向上効果が大きく、ＣＡＥ解析は設計や製造現場で普及した。ＣＡＥの専門家ではない日本の設計者が、ＣＡＥを自由に活用して設計仕様を精度良く決める設計検討を行うため、ＣＡＤ上でＣＡＥ解析を可能にすることを提案し、それを普及させたことは、海外では知られているが日本ではあまり知られていない。

これが今日のバーチャルエンジニアリングへの流れとなった。この事実を筆者が理解したのは２０１０年、ドイツがインダストリー４・０を発表したあとであった。

第五章

バーチャルモデル環境の成立に必要なこと

五・一　バーチャルエンジニアリング環境構築のリーダーとステークホルダー

バーチャルモデル

ここまでバーチャルモデルを用いた開発について記述してきたが、そのバーチャルモデルの定義と背景を説明したい。

「形状、制御アルゴリズムも含めた機能パフォーマンスをデジタルで表現可能であるバーチャルモデル」は、形状を3ＤＣＡＤ、パフォーマンスをＣＡＥと制御アルゴリズムでデジタル表現したリアルな機能を持つモデルである。この20－30年の製造業の開発では、３Ｄ設計、デジタル解析、制御検討のデジタル化などの普及と進化により、デジタル化表現されたモデルとそのモデルの連携した製品の機能設計とビジネスが成長してきた。

バーチャルモデルとして、製造部品／モジュールの形状、パフォーマンス、制御アルゴリズムの各内容のデジタル化表現が可能となったのは、以下のⒶⒷⒸの技術が確立、それぞれ普及したとともに、それらの連携ができるようになったことによる。

Ⓐ形状：３ＤＣＡＤにより、詳細な3次元形状のデジタル化が成立した

Ⓑパフォーマンス：ＣＡＥ、シミュレーションによる理論的な原理原則にもとづくパフォーマンスのデジタル化が可能となった

Ⓒ制御アルゴリズム：かつて、運動方程式の組み合わせで表現していた制御の指示アルゴリズムは制御設計プログラムの進化により、20世紀後半に制御アルゴリズムのモジュール化とそれのデジタル化をもたらした

これらⒶⒷⒸを連携するためのデータフォーマットＩ／Ｆ（インターフェース）などの標準化と構築が欧州中心にいくつかのプロジェクト、委員会などの活動により、２０１０年前後までにほぼ完成した。それらの技術を駆使し、ⒶⒷⒸを連携したモデルがバーチャルモデルである。すなわち、「形状、制御アルゴリズムも含めた機能パフォーマンスをデジタルで表現したリアルな動きのモデル」である。ある意味、リアルなモノであった従来の製品と同等以上のパフォーマンスをデジタル表現したバーチャルモデルでもあり、製品でもあると言える。

パフォーマンスの表現は原理・原則の理論に従った実際の（＝バーチャルの意味）パフォーマンスであり、バーチャル環境で、そのパフォーマンスをした開発とビジネスで活用可能なデジタルな製品と言える。

バーチャルエンジニアリング環境のビジネスモデルとは

バーチャルモデルを用いたビジネスは、バーチャルエンジニアリング（ＶＥ）環境の中で次の３項

目を駆使した手法である。

①基盤データである3Dバーチャルモデルの活用技術

②個々の3Dバーチャルモデルを連携し、ビジネス展開する連携技術

③企業間を越えた3Dバーチャルモデル連携の機密と知財権活用の契約技術

サプライヤー、ＯＥＭ間のＶＥ環境での連携した協業開発は、バーチャルモデルにより成立し、早期開発段階で製品が実物として存在する前にパフォーマンスと機能保証などの熟成のレベルアップが行われるようになった。そのバーチャルパフォーマンスが商品として扱われるビジネスモデルの創出に繋がる。上記①②③の活用技術と連携技術と契約技術をビジネス基盤の中で充実させることが必要となるが、その情報とそれらを活用する技術とマネージメントが日本では進んでいないことになる。

連携するためには

前記Ⓐ Ⓑ Ⓒの3つの項目を連携するためには、技術、マネージメント、社会基盤の構築などの各分野で長い間継続して進める強力なリーディングが必要であった。リーダーにはⒶ Ⓑ Ⓒの各機能を理解し、それぞれが連携された全体の目的と将来像を描ける人間が必要である。

2003年であったと思うが、筆者がアメリカ・F社の役員と話していた時、その役員から質問があった。その質問は筆者の所属しているH社のCAEの責任者は誰かということであった。当時、日本企業では、CAEの責任者はCAE解析チームのリーダーというイメージであった。ところが、F

社の役員はＣＡＥの責任者は開発のトップのことであると考えていたようで、開発部門のトップと面談することを望んでいたのだ。

Ｆ社の役員にＣＡＥの会社における位置付けの考え方の違いを教えてもらったように思っている。ＣＡＥ、解析技術などの責任者はその技術投資の責任者ということから、開発のトップがＣＡＥの責任者なのだ。時として、ＣＡＥの責任者が経営トップであることもありうる。同様に各機能の連携されたバーチャルモデルは開発全体、経営の基盤を改革することになることから、そのバーチャルモデルの最終責任者も開発のトップ、またはそれ以上の経営のトップが責任者であることを意味する。

ＶＥ構築をリーディングするのは誰？

バーチャルモデルのⒶⒷⒸの３つの機能連携した設計仕様は、製品機能そのものを示すことから、製品でもあり、商品でもある。このため、欧州や北米の企業では、バーチャルエンジニアリング環境構築の推進はＩＴ部門ではなく、製品開発部門、商品開発部門を中心に長い期間をかけて行われてきた。バーチャルモデルの重要性を理解した技術・開発・経営の役員によるトップマネージメントのリーダーシップで行われた。

現在の日本の課題は、各分野のリーダークラスが３Ｄ設計とＶＥを用いたビジネス経験が非常に少ないことから、デジタル活用の現状の理解と将来像の姿を思い描けないことだろう。欧州、北米などで20―30年前の３Ｄ設計スタート時、20代の新人設計者は、初めて３ＤＣＡＤを用いた設計を経験した。現在、彼らは40―50代となり、役員として会社を運営するリーダーに成長している。３Ｄ設計環境の成長とともに、設計者としても指導者としても成長した経験者が、日本の企業の中では非常に少ないと思われる。

五・二　産官学連携の大きな枠組み

バーチャルテスト認証をＥＵ議会主導で実現化していることを前章で説明した。このバーチャルテスト認証を成立させるにあたって、産業界のＣＡＥ技術の向上を狙っていることも理由の一つとＥＵ議会の推進の公文書に記述されている。

第三章でも触れたが、その内容をもう一度参照したい。

- ＣＡＥの現在から将来の技術への応用、拡張も推進され、コンピューターシミュレーションツールの品質を高めるのに貢献する
- バーチャルテスト認証には、欧州の自動車産業の技術開発と競争力強化をもたらす機会の利点があり、それが経済と雇用に反映され社会の利益となる

ＥＵ議会の委員会トップ、議会に絡む政治家などが将来像を共有し、ＣＡＥのような専門技術を用いた社会システムの変革の実現を提案していることになる。彼らはＣＡＥも含めたデジタル技術を用いた産業変革への大きな流れとしてリーディングしていることになる。

前述したＥＵ議会が推進する産業育成プログラム（＝ＦＰ）や、研究開発と事業化のための欧州共同体（＝ＥＵＲＥＫＡ）は、それぞれが40年に渡って継続している。このアウトプットは膨大であるが、それを継続させるためのマネージメント、技術、ファイナンス、政策などを推進する多数のリーダーが存在する。40年間で、目的、課題、過去の推進手法、新たな推進手法などを理解したリーダー達である。この人材が欧州各国の財産として、各施策を展開していることになる。

日本ではマスコミなどで大きく取り上げたドイツのインダストリー4・0がデジタルを用いた産業育成プログラムとして知られているが、この動きはドイツだけでなく、イギリスのCatapult、フランスの地域産業育成クラスターなどの産業政策として、欧州各国が展開している。また、アメリカの製造イノベーション機関ＭＩＩ（Manufacturing Innovation Institute）、中国の中国製造２０２５など、欧州以外のアジアも含めて、各国の動きも活発である。それらのテーマのリーディングを行うため、産官学連携の大きな枠組みが各国に存在するのが知られている。

五・三　これからの日本への提案

産業育成政策の策定と公的な技術研究普及機関の設立

日本では、従来のビジネスモデルやモノづくりのリーダーは多数存在しているが、各国が進めているデジタルを用いた新たな産業育成シナリオを進める時、その経験をしたことのあるリーダーが少ないのが事実である。そのため、プロジェクトスタート時、リーダー自体がその目的やパフォーマンスの理解と、その内容をチーム内で共有することから始めざるを得ない。プロジェクトや産業界をリードする姿をほとんど見ることがないのだ。

また、全体像が見えないことからなのか、そのプロジェクトや委員会は国の産業界全体の大きなまとめ推進の位置付けではないことが多く、個別の技術のシステム変革を目指すテーマになっている。このことから、各産業分野を連携した産業基盤としての社会システム変革を目指す大きな活動を見ることもほとんどない。

バーチャルモデルを用いたビジネスはＶＥ環境の中で、次の３項目を駆使した手法であることを前述した。

①基盤データである3Dバーチャルモデルの活用技術
②個々の3Dバーチャルモデルを連携し、ビジネス展開する連携技術
③企業間を越えた3Dバーチャルモデル連携の機密と知財権活用の契約技術

ＥＵはこの３つの技術とそれらを連携したビジネスモデルの普及には、長い期間をかけ欧州が産業育成シナリオと各欧州国が政策を策定しながら進めてきた。産業基盤としての連携した新たな社会システム変革の推進のためには、リーディングのできる多くの人材が必要となる。これらのリーダーを育成するためには、長い期間の政策遂行と研究、技術構築の中から、各分野のリーダーが育成されてきた。

それでは、日本には居ないのではないかと思うが、これからでも育成することができれば良いのである。

一つの例ではあるが、欧州、北米などでは国家が技術指導機関や委員会を設立し、将来像構築のシナリオを作成、その共有などの協議を行うことで、経験を積み重ねながら人材育成が行われてきたようだ。その30年を超える流れの中で育成された人材は、デジタル施策の新たなプロジェクトや委員会のリーダーとなり、正確な推進を行ってきた。

このようなことを考えると、日本でも新たな産業基盤構築推進を加速するために、欧州、北米、中国などのようにデジタル／バーチャル技術を用いた産業育成政策の策定を行い、そのシナリオに従った設計・開発・モノづくりに関する公的な技術研究普及機関の設定を望む。時間はかかるものの、正確なシナリオの下、デジタル施策活動のリーディングができる人材育成がその中で行われると期待したい。そのためにも、世界のモノづくり・開発の現在の状況と過去からの展開履歴などを調査した上で作成した正確な政策シナリオの下、産業育成政策の策定と公的な技術研究普及機関の設立を提案したい。

各企業・組織が世界に追いつき、世界ビジネス参加のために

産業育成シナリオのできるまで社会システムの変革は難しいが、各企業・組織が世界ビジネスに単

独で参加することは意外なことに可能だろう。バーチャルモデルがビジネスになった現在、精度の高いバーチャルモデルを設計し、自由に活用できるようになれば、このビジネス参入が簡単に行えることになる。これが意味することは、設計力の向上である。そうは言っても、従来の2D図を用い、従来の設計技術を向上させることではないことは、ここまで読まれた読者の方はおわかりのことだろう。

バーチャルモデルは

Ⓐ形状：3DCADにより、詳細な3次元形状のデジタル化

Ⓑパフォーマンス：CAE、シミュレーションによる理論的な原理原則にもとづくパフォーマンスのデジタル化

Ⓒ制御アルゴリズム：制御アルゴリズムのモジュール化とそれのデジタル化

である。

Ⓐの3次元形状のデジタル化は3DCADを使いこなすことで、実現する。現在となってはどの3DCADシステムを使っても、3DCADが普及し始めた25年前に比べると信じられないほどオペレーションが簡便となった。また、投資額も数百分の1となり、設計力向上のための第一のハードルは容易に対応可能となった。

Ⓒの制御アルゴリズムのデジタル化は、制御設計を行っている一般の企業ではほぼ最新の設計技術に対応していると思われる。制御設計関連の講習会も多く開催され、その技術導入の方法は日本では

ある意味整っていると言える。

ここの課題は３Ｄ設計と連携していないことになる。それには、二つの理由が考えられる。一つは３Ｄ設計が未普及の組織では、その対応は基本的にできないこと。もう一つは、３Ｄ設計が普及していても、上記Ⓐ Ⓑ Ⓒが未連携の企業が多いこと。その理由は、Ⓑのデジタル化されたパフォーマンスを活用し、現実・現物の機能を考慮した製品設計までが行われていないことかと思われる。この辺りに設計力向上のための将来イメージとそれを展開するマネージメント不足が考えられる。具体的には、３Ｄ設計が未普及のため、Ⓒの制御アルゴリズムのデジタル化を進めている分野とⒷとの連携を行うための積極的動きが少ないことが挙げられる。

ところで、バーチャルモデルにおいて肝心なⒷパフォーマンスのデジタル化が日本の企業の中で正確に行われていない可能性がある。市販ＣＡＥは１９６０年代から始まり、その技術展開の歴史の中で、日本はリーディングしていた。ＣＡＥ技術においては、日本は遅れていなかったのである。技術展開は新しい解析手法、新しいテーマなどの解析技術が中心であり、そのゴールは技術構築であったのではないか。

本書でも理論的な原理・原則にもとづくパフォーマンスのデジタル化のコア技術がＣＡＥを用いて行われると説明してきた。解析技術構築ののち、その技術は設計機能仕様の熟成のため活用されてきた。その歴史は20年以上になるが、３Ｄ設計の未普及の日本においては、いまだ設計仕様の機能熟成の歴史が始まっていないことになる。

また、技術構築が目的のCAE展開が多かったことから、CAE技術の評価として精度の追求が多く、コンファレンスなどでの質問は精度の話題が中心であることが多かった。設計力向上の最もコアであるCAE普及と活用、それを展開するマネージメントの話題はほとんどないと言える。このCAE普及と活用のためのマネージメントを知るための情報源が見当たらないのが、現在の日本ということになる。

CAE技術者や大学の設計関連の先生、CAE関連研究会などでは、実際の設計現場を経験したことのある人が少ない。このため、設計の最前線で悩んでいる設計者や、開発のマネージメントを行っている人たちは相談先がないのである。

日本でCAEを設計の中で活用し、設計力を向上させている企業はそれなりに見ることができる。そのほとんどは、設計部門、開発部門のトップが自ら設計力向上の指揮を執り、技術的にはCAE技術者の意見は聞いてはいるものの、CAE活用手法、社内のシステム構築、設計力・開発力向上のためのマネージメントを独自に進めている例が多い。

これらの具体的な展開提案は、第二部で説明していくことにしよう。

第二部 設計のためのCAEの現状とこれからの施策

第六章

設計のためのCAEの現状

第一部は、日本の設計とバーチャルエンジニアリング（VE）について、世界的な視野からトップダウンで述べられた。

第二部では、日本の設計現場の内側からボトムアップで、特に日本のCAEの状況に焦点を当ててVEについて述べる。

すでに設計にCAEを十分に活用できており、設計者自身がCAEの恩恵を感じCADと同じレベルの設計の道具になっているのであれば、第二部に書かれていることは完遂していると考えられる。ただし第九章にCAEの最新動向について述べているので、今後のCAEのさらなる有効活用に向けて参考にされたい。

この章では、設計者のためのCAEの現状を述べる。CAEが設計開発行為において重要であることは間違いない。VEが加速していくであろう今後も、CAEの活躍の場は約束されている。それにも関わらず、日本では設計のためのCAE活用度が低い。日本の設計のためのCAEの現状を知ることは、VE実現への第一歩となる。

第一部で記述したように、経済産業省『ものづくり白書』では、日本のモノづくりにおいて、従来〝強み〟と考えてきたものが、成長や変革の足かせになる可能性が指摘されている。CAEの活用においても、この特性が影響しているのかもしれない。

六・一　CAEはキャズムを越えたか

「キャズム理論」というものがある。キャズムとは「深い溝」のことで、ユーザーに新しいツールやサービスが広まっていく時に遭遇する、立ちはだかる障害のようなものである。この障害を越えられるか、越えられないかによって、ツールやサービスが一般的になるかどうかが決まる。

キャズム理論は「イノベーター理論」をベースとしている。イノベーター理論とはマーケティングで使われる理論で、新しいツールやサービスの普及度合いに合わせて五つのユーザー層に分類される、というものである（図6・1）。

イノベーターとアーリーアダプターの2層は少数の革新層であり、アーリーマジョリティ、レイトマジョリティ、ラガードの3層が一般層である。深い溝であるキャズムは革新層と一般層の間に位置付けられる。

設計者をユーザーとし、CAEを新しいツールとした場合、各ユーザー層の特性を考察してみると次のようになる。

①イノベーター（革新層）

最も早く製品やサービスを採用する層で、情報感度が高く、新しい製品やサービスを積極的に設計に採用してみようとする好奇心を持つ。この層は、普段から同業他社の動向にも興味を持ち、CAE

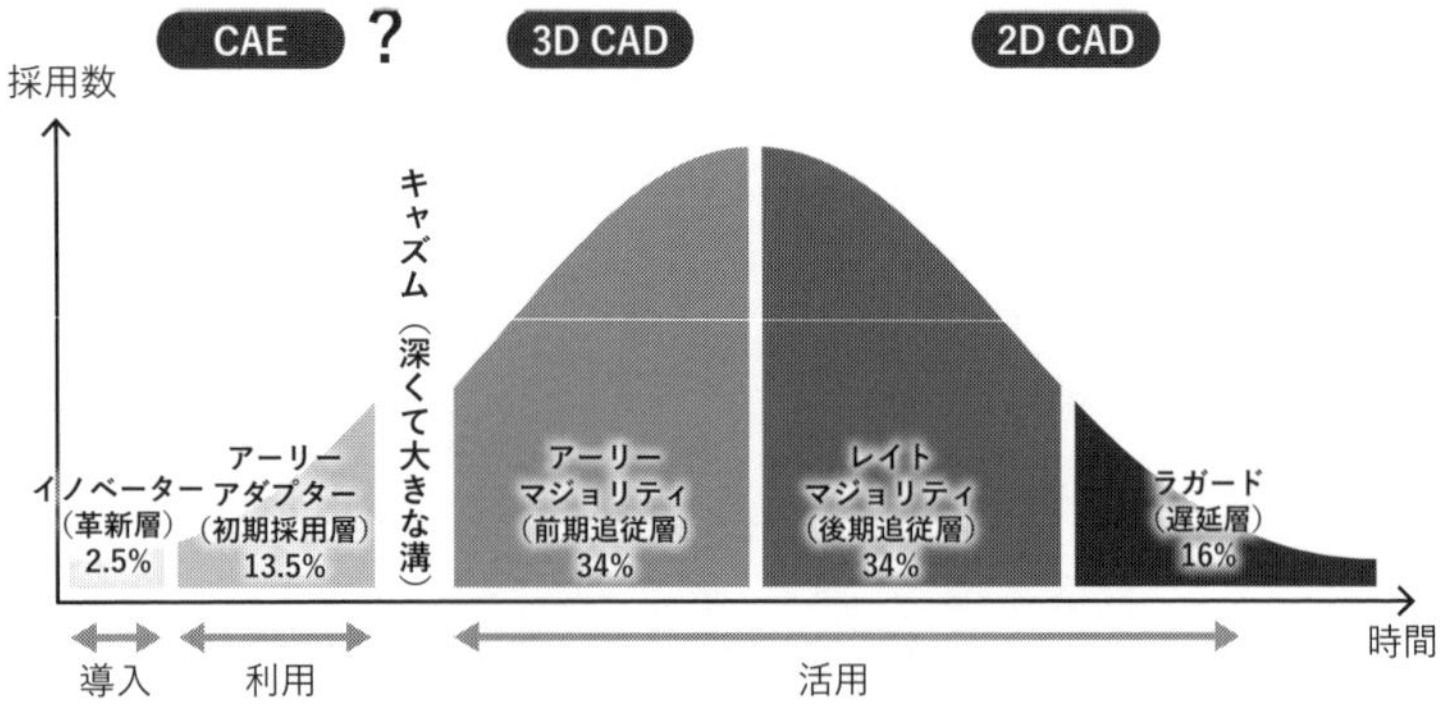

図6・1　CAEはキャズムを越えたか

に限らず新しい設計技術や製品があると、上層部や関連部署に依頼したり、巻き込んだりして、積極的にその動向を調査し、設計業務に取り入れることを前提に活動する。

②アーリーアダプター（初期採用層）

革新層と同様に情報感度が高い層ではあるが、新規性、先進性に加えて、具体的なメリットや従来の技術や方法と比較して優れている部分を調査、検証する。デモやベンチマークを依頼して製品やサービスの新技術や先進性を確認して、導入を判断する。インフルエンサー的な役割を持つ。設計課題をCAEを使って解決した事例を口コミで伝える。キャズムを挟んで次の層であるアーリーマジョリティに大きな影響を与える。

③アーリーマジョリティ（前期追従層）

ある程度の情報感度を持つが、前の二つの層のタイプに比べると新しい製品やサービスの導入に慎重である。ユーザー全体の約3分の1を占める。CAEがこの層まで拡がれば、キャズムを越えたことになる。前述の二つの層を含めるとユーザー全体の50%だ。つまり設計者の50%以上がＣＡＥを設計業務に日常的に使うようになれば、ＣＡＥはキャズムを越えたと言ってよい。設計にＣＡＥが浸透するかどうかを決める重要な層である。この層はアーリーアダプターの影響を強く受ける。

④レイトマジョリティ（後期追従層）

新しい製品やサービスの採用に対して、懐疑的、消極的な層で、極めて慎重である。ＣＡＥなどの数値解析より実験を信頼していたり、これまでの方法を変えたりすることに抵抗がある。この層もアーリーマジョリティと同じくユーザー全体の約3分の1を占める。周囲の状況を観測しながら、ＣＡＥを使っている人が50%を超えていることがわかると、ＣＡＥを使い始める。この時点では、ＣＡＥユーザーが多いので、ノウハウも十分蓄積されているし、失敗することも少ない。

⑤ラガード（遅延層）

新しい製品やサービスに対して否定的であるばかりでなく、興味そのものを持たない最も保守的な層。新しい製品やサービスが、例えばＥＸＣＥＬのように誰もが使うツールに一般化、昇華してから採用を検討する。ＣＡＥにはまったく感心がなく信用もしていない。経験と勘で設計をしてきた設計経験の長い人が多い層でもある。

２ＤＣＡＤは設計者市場に十分流通しており、キャズム理論で言うところのレイトマジョリティ後半からラガードに位置付けられ、キャズムは完全に越えていると言ってよい。

３ＤＣＡＤの普及率は、『２０２０年版ものづくり白書』で解説されている。序章でも詳述したが、3Dデータのみで設計を行っている企業は17・0%、3DCADと2DCADを併用して設計を行っている会社が44・3%となっている。3DCADを使っているという意味では61・3%となり、アーリーマジョリティに位置付けられ、キャズムを越えていると言ってよい。

2017年に技術サービス会社が製造系エンジニア500人を対象に、CAEの導入率の調査を行った。調査対象企業の規模によりバラツキはあるが、CAEの導入率は44・3%となっている。一見、キャズムを越えている数値ではあるが、著者の現場の肌感覚ではあるが、CAEはいまだキャズムを越えてはいない。〝導入〟していることと〝普及〟していることは異なるからだ。

CAEを導入しているからといって、それが設計に普及しているとは限らない。設計者が解析専任者に解析を都度依頼しているような状況では、CAEが設計に活用されているとは言えない。導入率と普及率は異なる。

キャズムが発生する理由は、キャズムを挟む二つのグループの、新しい製品やサービスに対する価値観がまったく異なるからだ。キャズム以前のグループは新しい技術に積極的で、キャズム以降のグループは慎重かつ消極的である。

CAEを設計者に普及させるためには、前期追従者であるアーリーマジョリティ層を取り込む戦略が必要だ。この層は初期採用者であるアーリーアダプターの影響を強く受ける。よって初期採用者が設計にCAEを活用し、明白な結果を出し、CAEの有効性を実証することはもちろんのこと、その成果と有効性を周囲に知らしめる必要がある。初期採用者には、CAEの能力に合わせて、コミュニケーション能力も重要な資質である。CAEがキャズムを越えるためには、CAEのマーケティング戦略が必要なのだ。

六・二　設計とCAEの関係性の変遷

設計とCAEの関係がいかにして今に至るかを明確にしておくことは、CAEを設計に活用するための大前提である。また、変遷の先には設計のためのCAEのあるべき姿がある。ここからは、CAEの変遷と現在の立ち位置を明確にする（図6・2）。

CAEが一般的になるまでは、設計者はソロバンと計算尺、そして実験で、モノづくりを行ってきた。時が流れ、筆者が解析に関する仕事を始めた約40年前は、設計とCAEがまったく別の仕事だった。これを「第1期」とする。設計とCAEが別の仕事であるということは、必要となるスキルが異なるということである。よって、非常に簡単な解析でも外注することになり、解析業務のみを生業《なりわい》とする受託解析業が現れた。CAEは計算技術であり、設計技術とは別のものと認識されていた。

そして「第2期」へと移行する。3次元CADが登場し、その機能の一部としてCAEが提供されるようになった。3次元CADモデルを利用して解析モデルの作成が容易となったからだ。3次元CADの大きな特徴の一つとして、解析への展開がクローズアップされるほどであった。設計者がCADの一部としてCAEを使い始めた。CADに統合されたCAEは機能が限定されるため、その機能

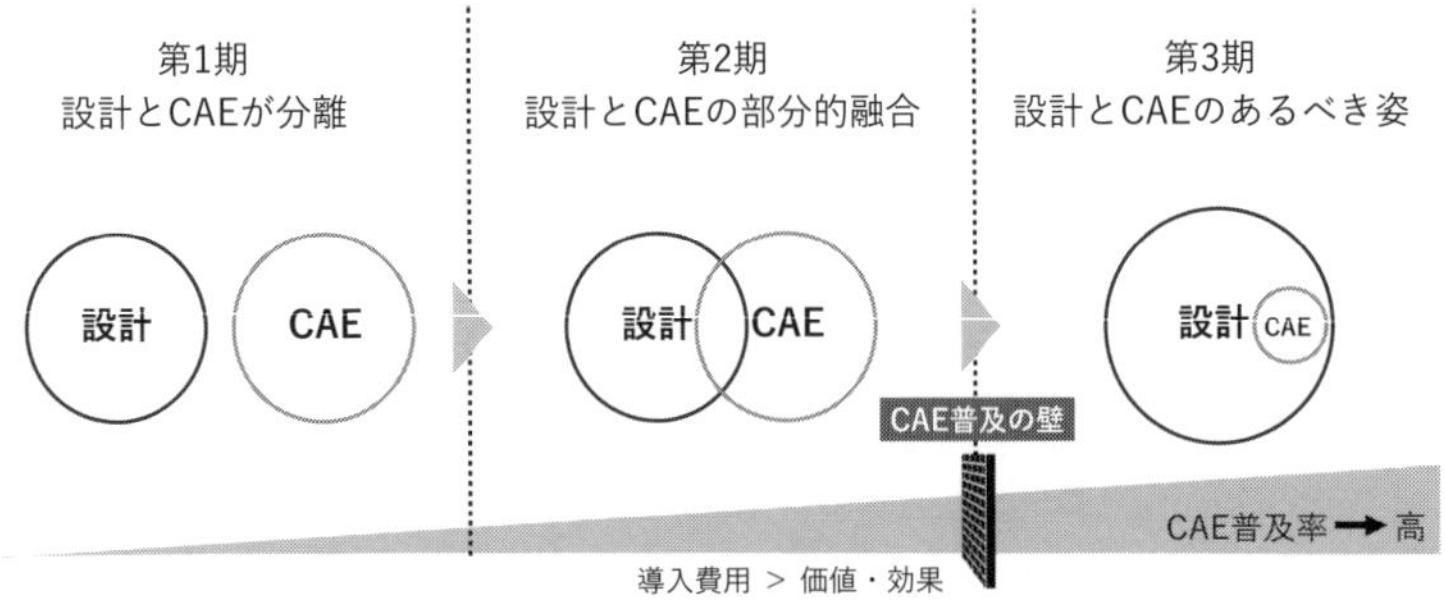

図6・2　設計とCAEの関係性の変遷

を超えた設計の検証のために解析が必用になると、高機能ハイエンドなCAEソフトウェアが必要となり、それを扱える数値解析に精通した技術者が必要となる。解析専任者だ。設計者は、設計の検証のために自ら解くことのできない難易度の高い解析が必要となると、解析専任者に依頼する。これが設計者と解析専任者の関係を表す図式だ。日本の多くの企業は今もなお、この形態のままで停滞している。CAEはアドホック的（限定的）に使われるのみで、設計に統合されているとは言えない。

「第3期」が設計とCAEの関係の〝あるべき姿〟である。CAEが設計の一部となることである。今や3DCADは広く普及しており、3DCADが設計の必須ツールとなっている。製造業にとって3DCADは、キャズムを越えた日常的な設計ツールとなっている。CAEがCADと同じ状況にならなければ、CAEが利活用されているとは言えない。設計の検証のためのアドホック的なCAEの利用から、設計の溶け込んだCAEの活用に舵を切らなければならない。

第2期と第3期の間には、大きな障壁がある。ツールはこの壁を越えるべく進化している。その技術の進化に合わせて「使い方」も変化するべきである。それにも関わらず、特に日本においては、ＣＡＥの使い方が40年前とほとんど変わっていない。これが第２─3期間の障壁の原因である。ＣＡＥのツールの進化に合わせて使い方を変えなければならない。その具体的な方法については第八章で述べる。この壁を越えられなければＣＡＥキャズムを越えることはできない。

ＣＡＥの使い方が変わるということは、設計者のＣＡＥスキルと解析専任者のＣＡＥスキルを再定義しなければならない、ということである。そのための教育も再構築する必要がある。

ＣＡＥは設計者が使ってこそ本当の威力を発揮する。そればかりでなく、ＣＡＥの投資効果にも大きな影響を及ぼす。１０００万円で導入したソフトウェアを５人の解析専任者で使うと、１人当たり２００万円となるが、50人の設計者で使うと１人当たり20万円となる。ソフトウェアの使用ライセンスが不足する事態もあるが、第九章で紹介するＣＡＥのカプセル化などによって、それを乗り越える方法もある。ソフトウェアの使用者が増えれば増えるほど、使用者１人当たりの負担金額は低くなるのだ。さらにソフトウェアの稼働率も自動的に上昇し、それらの相乗効果でソフトウェアのコストパフォーマンスは高くなる。

ＣＡＥの普及を解析専任者に丸投げして、導入効果を言及する経営層は多いが、ＣＡＥの普及を解析専任者だけに任せるのは大きな間違いである。解析専任者は計算力学やＣＡＥソフトウェアに詳しい専門家である。その専門家を補佐しながら、普及のための仕組みを作ることが必要だ。ＣＡＥは今や単なるツールではなく、企業戦略の一つとして認識されるべき存在であり、普及を根付かせることができるのは経営層のみだ。CAE普及の壁を作っているのは、他ならぬ経営層なのかもしれない。

六・三　CAEの利用実態

企業におけるCAEの利用実態を述べる。あくまでも筆者の肌感覚と平均的なものであることをご理解いただきたい。

CAEの利用の実態は、その導入から始まる（図6・3）。

導入時のソフトウェアの選定ポリシーとプロセスを明確にする。このポリシーが不明確である場合が多い。ソフトウェアの選定は解析の専門知識を持つ技術者に委ねられる。この解析専任者が設計製造プロセスや課題を理解していない場合が多い。適当な推測で現場にフィットしないソフトウェアを選定してしまう。設計者が持つ課題をヒアリングするが、その深掘りができていない。それは解析専任者が悪いわけではない。ソフトウェアの選定ポリシーとプロセスが不明確なだけだ。

設計者と解析専任者とでは、課題の視点が異なる。設計者は、非常に抽象的もしくは具体的に課題を表現する。両極端である。設計者によって提示された現場の課題をソフトウェアの機能に直接マッピングして、選定してしまう傾向にある。それで課題は部分的に解決できるが、全体的に最適なソフトウェアの選定とは言えない。設計現場から広く課題を収集し、それらの課題をどれくらいカバーで

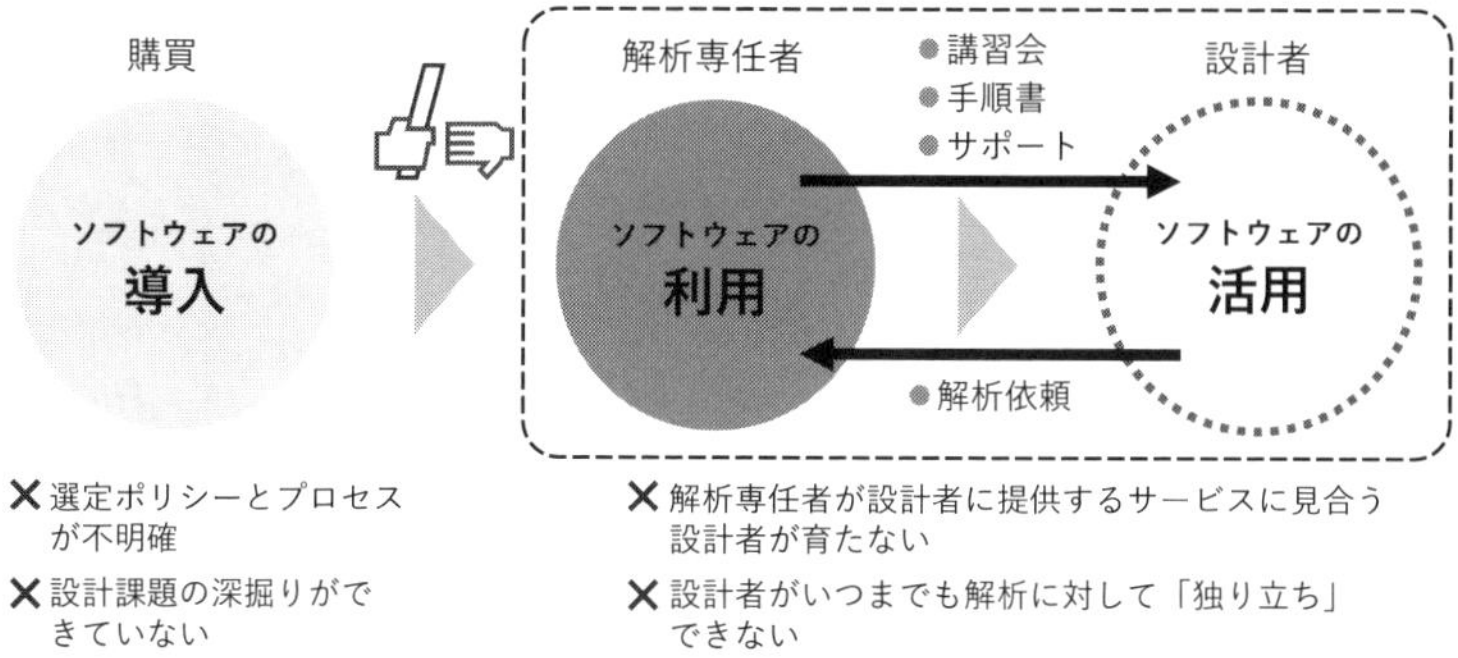

図6・3　CAEの導入/利用/活用

きるか、を基準にソフトウェアを選定すべきである。そのためには、選定者（多くの場合、解析専任者）が設計製造プロセスを理解していることが重要で、かつ課題の抽出方法が形式化されていなければならない。

解析専任者は、計算力学の造詣が深い。その探究心のため、ソフトウェアの選定に対して無意識に興味を優先させてしまうこともある。それを排除するためにも、選定ポリシーとプロセスを明確にすることは重要だ。

設計者はＣＡＥの精度と限度を理解し、解析専任者は製品設計のプロセスとクリティカルな課題ポイントを把握する必要がある。現状では、設計者と解析専任者の綿密な情報共有が欠けている。

選定を経て、ソフトウェアの利用フェーズにバトンが渡される。

このフェーズでの主な利用者は解析専任者である。解析専任者は、ベンダー開催の導入ソフトウェアの使い方の講習を受ける。そしてソフトウェアの機能をチェックしながら使い方を習得する。自社製品への解析の適用を模索しながら、解析方法を確立する。この解析技術の構築フェーズこそが解析専任者の知見と本領を発揮する部分となる。そして、設計現場への展開のための仕事が始まる。まずシステム管理部門と連携して、設計者が使える環境を整える。ライセンスのアサイン方法、サーバー上でのワークエリアの確保、ログ取得方法などである。そしてソフトウェアの機能や事例を社内に告知する。一方で、解析専任者は設計者に対して講習会を企画し、テキスト作りや各部署への案内など行う。そして講習会開催となる。

この講習会によって導入したソフトウェアを設計者が使い始めるが、課題に直面していた時期と異なったり、操作方法を忘れていたりして、稼働率は極めて限定的となる。それでも、意欲的な設計者は直面した課題をソフトウェアによって解決しようとする。しかしソフトウェアの基本的な操作方法を習っただけでは歯が立たず、解析専任者に依頼することとなる。皮肉にも、解析専任者が設計者にCAEを広めようとすればするほど、解析専任者が設計者の解析をサポートする時間が増えるということになる。本来であれば、解析専任者は課題に対する解析技術を開発することに時間を使うべきであるが、設計者のサポート業務に多くの時間をとられがちである。

設計者は解析専任者から受け取った結果を検討することになるが、設計者にとってCAEは設計の検証のための道具でしかないので、設計の是非さえわかればそれでCAEの役割は終わりとなる。

筆者がCAE関係の仕事を始めて40年経つが、この図式は変わっていない。現在は、製品の複雑化、高度化と働き方改革によって、設計者が本質的な設計にあてられる時間は少なくなっている。従来の方法では、設計者はますますCAEから遠ざかり、CAEを設計に活用するという目標を達成することはできない。

設計に若干の時間的な余裕があった頃は、設計者は解析設計者とともに、解析モデルや材料物性値の検討を行った。解析結果についても設計者と解析専任者で議論を重ね、解析モデルの変更などを行った。このプロセスこそがCAEを使いこなす設計者を育成する唯一の方法である。

ごくわずかではあるが、日本にも設計者がCAEを活用している会社が存在する。その共通点はCAEを徹底的に自動化・自律化していることである。一品一様であれ、量産品であれ、CAEを設計製造プロセスに組み込むことを意識している。解析の難易度は、設計者には関係がない。解析専任者は、設計製造プロセスに必要な解析であれば、その難易度に関わらず自動化・自律化に取り組んでいる。

これが日本のCAEの利用実態である。

六・四　設計者にとってCAEは煩わしい

CAEを導入する側と、その利用を促される側（主に設計者）の意識の差は大きい。組織の上層部が鳴り物入りでCAEを導入しても、設計者はその恩恵を感じるどころか煩わしい業務が増えた程度にしか思っていない。設計者にCAEの使用をゴリ押ししたとしても、設計者にとっては「やらされ感満載」の行為となり、CAE使用の圧力に比例して、設計者のやらされ感も大きくなる。そのような状況では、設計者がCAEの恩恵を真摯に理解し、設計に取り入れていくことなどできない。CAEに対して必要のない被害者意識を持つことになりかねない。

設計者は、なぜCAEを積極的に使わないのか。筆者はCAEを使うための材料力学と有限要素法の座学セミナーを行っており、受講者は2000人を超える。受講者のほとんどは設計者だ。彼らにCAEを積極的に使わない理由を聞いている。その理由を明確にし、対策をとることが、設計者がCAEを活用する第一歩となる。

○理由その1：手間と時間がかかる

CAEは、解析のためのモデルを作成し、荷重・拘束条件を設定し、解析を実施するという設計とは関係のない「作業」が大半を占める。設計の是非を検証するためとは言え、設計の本質とは何ら関係のない作業に手間と時間をとられることになる。さらに解析結果のレビューの場などで、メッシュサイズなどの解析条件に対する提案や指示があると、一連の作業を繰り返すことになる。この手間と時間が、本質的な設計のための時間を圧縮してしまう。

設計者は、設計の検証は行いたいが、それにはそれ相当の手間と時間が必要となる、というジレンマに陥る。CAEの検証の実力と設計時間のどちらを取るかはトレードオフの関係だ。多くの場合、設計の検証は後回し、かつ実験で行うということになる。

○理由その2：解読不能のエラーメッセージやワーニングが出る

まず設計者が直面するのは自動メッシュ分割のエラーだ。設計者が作成する3Dモデルは詳細に作り込まれている。複雑なフィレットの重なりが微小なエッジや面を生み出し、それが自動メッシュ分割の妨げとなる。解析サイドからの回避方法としては、メッシュサイズを変更することくらいである。多くの場合、3Dモデルの修正が必要となる。

設計モデルとしては完成している3Dモデルを変更することは、設計者にとって抵抗がある。さらに自動メッシュ分割が成功したとしても解析で頓挫することがある。単純な解析でも少し解析モデルを変更しただけで、解析ソフトウェアからエラーメッセージやワーニング（警告）が出ることがある。入力するデータがまったく同じでも、ソフトウェアのバージョンアップによってエラーが発生する場合がある。エラーやワーニングのメッセージは、数値解析に関わることがほとんどで、設計者には理解できない。

○理由その3：設計用の3Dモデルをそのまま解析モデルに転用できない

設計に3DCADを使う場合、その完成度と詳細度は高い。重量や重心位置を正確に知ることが3Dモデルの重要な役割の一つであることがその理由である。設計用の3Dモデルがそのまま解析モデルに適しているとは限らない。例えば、板金加工もののように薄板で構成された構造物については、有限要素法で使われる要素の一つである板要素でモデル化した方が、精度も高くなる可能性があり、さらに節点数が少なくなり、計算時間が短くて済む。板要素は板の中立面に配置しなければならない。3Dモデルの薄板は、中立位置に面を持っていない。板要素のために中立面を抽出したり、板組の接合部で細工したりすることは、かなりの時間を要する。解析に最適なモデルを作成しようとすると、そのための3Dモデルが必要となる。

以上のような理由から、設計者はCAEを敬遠する傾向にある。CAEの文化を根付かせるためには、計画的な時間とプロセスが必要となる。それを無視すると設計者にとっては〝やらされ感〟のCAEとなってしまう。この考えが核になって、CAEは設計の役に立たない、とか、CAEがなくても設計できる、という思考になってしまう。

企業によっては設計の妥当性を検証する一つとして、CAEを義務付けているところがある。このような企業は、設計プロセスにCAEが組み込まれているため、中途入社を含む新入社員は、設計行為の一部として定型業務としてCAEを行う。CAEを設計に活用するためには、CAEを設計プロセスに組み込むことがいかに重要であるかがわかる事例である。

CAEの導入にあたって、計画性がないと、設計にとってのCAEの本当の価値が認められない。そして設計者にとってのCAEは、時間と手間がかかる、設計とは本質的に関係のない作業、というレッテルが貼られてしまう。

無論、設計にCAEを活用している企業はある。CAEの恩恵を十分に感じている設計者もいる。その文化を作った方法を加速する必要がある。

六・五　設計者へのＣＡＥの展開方法を再考する

多くの設計者がＣＡＥを使うことによって、ＣＡＥはその効果を発揮する。同時に投資効果も上がる。よって多くの企業では、設計者にＣＡＥを使わせるためのさまざまな活動が行われている。その活動内容は、筆者がＣＡＥの設計者教育に関わるようになった30年前からほとんど変わっていない。

ＣＡＥを使いこなすためには、座学、計算力学、ソフトウェアの理解と操作、課題に対するソフトウェアの適用方法など、設計とは別の知識が必要となる。それらのＣＡＥに関する特殊な知識と技術を持つ人は「解析専任者」と位置付けられる。

解析専任者の仕事は、運用系と技術系に大別される。運用系とは、ソフトウェアのライセンスやバージョン管理、計算システム構築などである。技術系とは、ソフトウェアの利用を広める業務である。

ソフトウェアの選定から関わった解析専任者は、ソフトウェアの利用を広めようと、彼らの知見をコンパクト化し、講習会の開催、手順書の作成、技術サポートなどで設計者に伝える。解析専任者の知見の簡易的な「コピー&ペースト」である（**図6・4**）。

この方法には、いくつかの課題が存在する。

まずは設計者のＣＡＥに対する意識の課題である。設計者はＣＡＥの必要性を感じていない。ＣＡ

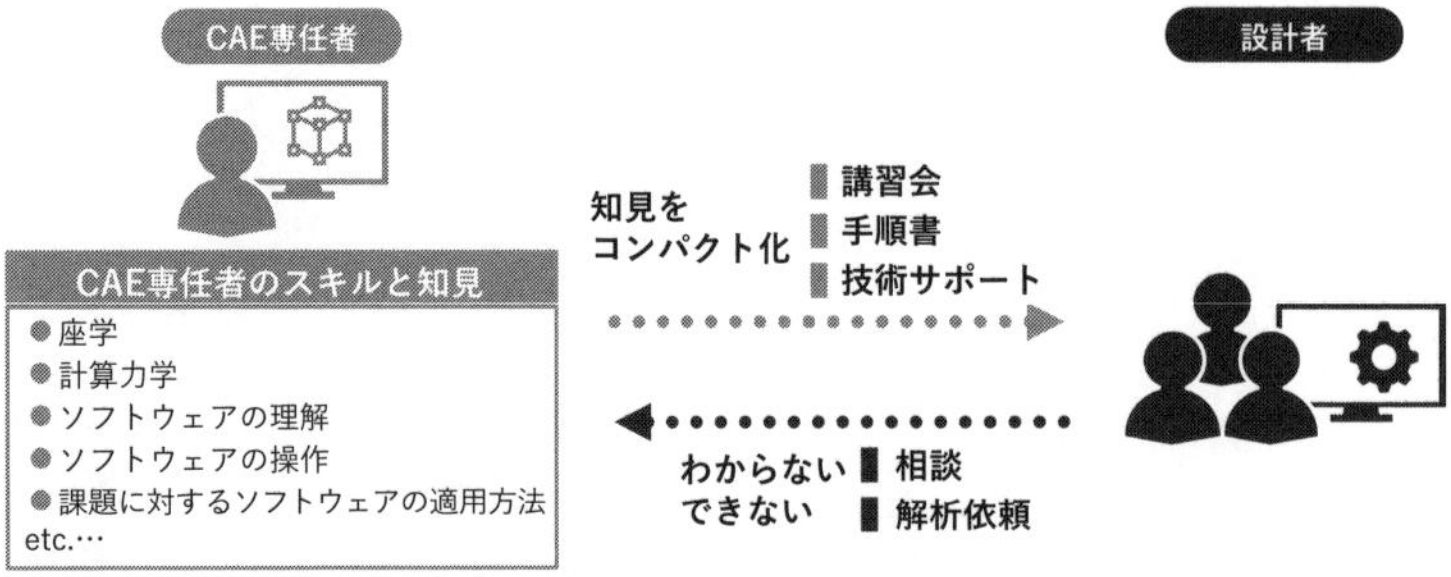

図6・4　設計者へのCAEの展開方法

Eを使わないこれまでの方法で設計することができるからである。また、CAEを使いたくても講習会を受講した時から日にちが経過しており、使い方を忘れてしまっていることもある。それでもCAEの利用に対して意欲的な設計者は、設計にCAEを使おうとするが、うまく使うことができず、解析専任者に頼ることになる。場合によっては、解析そのものを解析専任者に〝丸投げ〟することになる。

解析専任者が行った講習会、手順書の作成などで使った多くの時間のほとんどが水泡に帰す。これは企業側から見て、大きな損失だ。ごくわずかな設計者が数値解析に興味を持つことがある。彼らは熱心に根気良く数値解析と考察を繰り返し、設計に役立つ解析技術を絞り出す。彼らにとってCAEは設計ツールに昇華する。

設計時間にある程度の余裕があった時代には、解析専任者と設計者がタッグを組み、このようにして設計にCAEを根付かせていった。この方法こそが設計にCAEを活用するための王道と言える。

ところが、設計者の本質的な設計時間は減少の一途をたどっている。製品の複雑化、社会的な対応への配慮などによって設計に必要な時間は増える一方だ。物理的な労働時間が決められている以上、設計時間は本質的に少なくなる。自己研鑽《けんさん》のつもりで費やした時間すら労働時間にカウントされ、設計者の向上心を労働基準法が規制してしまう。

このパラドックスを解決しない限り、設計の迅速化・高度化とＣＡＥの設計への活用の距離は広がっていくばかりだ。

解析専任者の知見をコンパクト化して設計者に伝え、専任者は設計者のサポートを行うという図式を否定しているのではない。先ほども述べたが、これこそ製造業におけるＣＡＥ活用の〝王道〟である。多くの企業がいまだその王道を〝正〟としている。王道を成すためには時間が必要だ。その時間が有限であり、製品の複雑化や働き方改革によって圧迫されるのであれば、王道とは別の方法を模索せねばならない。

設計者は、ある期限までに、設定された性能を持つモノを設計しなければならない。その期限内に、ＣＡＥが、期限を短縮できるか、もしくは性能を上げるために役に立つのであれば、設計者は積極的にＣＡＥを利用する。ＣＡＥを設計者の要求にフィットする運用方法に変更する必要がある。

ある企業では、解析専任グループが組織として存在している。それにも関わらず、設計の繁忙期になると解析専任グループのメンバーは、別の部署に期間工的に配属され、設計を手伝うこととなる。ＣＡＥやそれに関わる人材が軽んじられている証拠だ。現状を打開するためにも解析専任者の役割を明確にし、現状の設計プロセスに適応したＣＡＥを設計に根付かせる方法を模索する必要がある。

ＣＡＥはもはや単なるツールではなく企業戦略の一つとして位置付ける必要がある。それに本気で取り組まないとＶＥは実現できない。そしてモノづくりは欧米に遅れをとり、周回遅れとなる。

COLUMN

設計を知らないプログラマー

3DCADとCAEに関わって40年になる。40年の間に、3DCADもCAEもツールとしては、大きく進歩した。ユーザーの操作性をアップするためのコマンドレベルの便利さも飛躍的にアップした。それればかりではなく、3DCADやCAEが設計方法を根底から覆し、新しい設計技法を牽引《けんいん》するような役目を果たしてきた。単なるツールとして生み出された3DCADやCAEが、製造業の企業戦略を決める一翼を担うようになった。そのような最先端の技術を満載したCADやCAEでも思わぬヌケがある。

著者（栗崎）は長い間、外資系のCAD／CAE会社に勤務していたが、その中でCAEプログラムの開発体制に疑問を持ったことがある。プログラマーは製品の設計を知らない。与えられた仕様どおりにコードを書くことが仕事だ。設計に対する認識の差が、時に大きな間違いを生む。

その一例として、荷重について述べよう。荷重は、面積と分布と方向を持っている。それを正確に有限要素モデルに設定してこそ、正しい解析結果に近づけることができる。ところが、これを正確に定義できるソフトウェアはほとんどない。断面が三角の静水圧すら正確に表現できない。旧SDRC社のI-DEASという製品は、30年前にデータサーフェスという技法を使ってそれが可能であった。現在のプログラマーが実装できないわけはない。設計者が使うCAEツールとして可能な限り精度を上げるための配慮だ。SDRC社はもともと製造業のコンサルティング会社なので、設計に関して造詣が深い。彼らが、プログラムの仕様書を書いた。CAEを設計の道具として使うためには何が必要かを理解している。

昨今は、プログラムは肥大化し、分業が進み、設計のことをまったく知らないプログラマーがツールを作っている。新しい技術を取り入れることも重要であるが、設計の視点から必要な技術を実装することも重要であろう。例え、それが古典的なものであったとしても。

第七章

CAEの位置付けと状況の変化を捉える

　この章では、設計にとってのCAEの位置付けについてと、その状況の変化について述べる。さらに設計におけるCAEの使い方についても考察する。

　ここ数十年で、CAEソフトウェアもハードウェアの性能も飛躍的に進歩した。その状況の変化に合わせてCAEの使い方も変える必要がある。その使い方のヒントを提案する。

七・一　設計者にとってCAEとは

　CAEの役割を明確にしておく。CAEの役割の理解が不十分であったり、間違ったりしているとCAEの使い方がぶれることになるからだ。

　CAEは「Computer Aided Engineering」の頭文字をとった略語である。直訳すれば「コンピューター支援による工学」ということになる。製品のモデルをコンピューター上に作成し、製品が仕様を満足するように設計されているかシミュレーションを行い、試行錯誤することである。

　CAEの適用分野は広い。構造、熱、機構、流体、磁場、音場、光学、成形、公差などに及ぶ。設計の検証にコンピューターの力を借りるという意味では、そのすべてをCAEと呼ぶことができる。CAE適用範囲の中で、特に適用頻度が高いのが構造だ。流体も、音も、光も構造が成立していなければ検討のしようがない。構造だけが重要だと言っているのではない。優先順位の問題だ。

CAEは二つに分類できる

一つは計算工学的なCAEだ。例えば構造解析では、接触、非線形、時刻歴など複雑な現象を扱うことがある。さらに、これらが連成した現象に及ぶこともある。このような高度な現象の解析は一般的に難易度が高い。設計知識とはまったく別の、計算工学の知識が必要となる。数値演算としての収束、解析ステップ数など、数値解析を正しく制御する知見が必要となる。時間的な制約がきつい設計者が習得するのはかなり困難な範疇《はんちゅう》である。いわゆる解析専任者は、このような計算工学的な知見を持っている。

高度な現象を解析しようとすると難易度は高くなる。試行錯誤の繰り返しで解析技術を構築する。これは解析専任者の重要な仕事の一つであり、存在価値でもある。解析技術の構築は設計の高度化のためのベースとなる。一般の企業で言えば、技術職は設計と研究に分かれている。解析専任者はCAEの研究職にあたる。この努力は将来的、間接的に設計に貢献することとなる。

二つ目は設計者CAEだ。設計者は、設計したものの性能に責任を持たなければならない。なぜその材料を使うのか、なぜ部品の寸法をそうするのか、手計算などを使って性能を検証しなければならない。設計者は、設計知識と設計したものに対する検証方法を知らねばならない。その検証方法の一つがCAEである。設計者の見地からCAEを定義すると次のようになる。

- 設計とは、形状や強度、材料、公差などのさまざまな情報の中から、最適な情報を選び出す意思

決定のことを指す。そしてＣＡＥは、この意思決定を論理的・体系的に支える補助的な手段である

•ＣＡＥの役割は、解析の結果をもとに、私意のない、工学的知見にもとづく、設計者の判断を加えることで、モノづくりでの意思決定をより的確なものにすることである。設計のさまざまな場面で判断を求められる際に、これまで培ってきた設計経験に照らし合わせて、意思決定を後押しする裏付けとして解析結果を役立てることになる

ＣＡＥはあくまで設計の補助手段

現場で遭遇するＣＡＥに対する誤解について、筆者の見解を述べる。

ＣＡＥソフトウェアの導入によって、どれほど成果が上がるのか質問されることがある。ＣＡＥを導入しただけでは成果は上がらない。また製品の完成度が上がるわけでもない。設計力と解析力はまったく別のものである。ＣＡＥは設計能力のなさをカバーするものではない。

また実験をＣＡＥによって置き換える試みが行われる。その活動の中で「ＣＡＥは実験と合わない」とよく耳にする。実験は完全に正しいという仮定のもとに、ＣＡＥでそれを再現しようとする。ＣＡＥはあくまで〝理想的な〟条件で行われるシミュレーションである。

一方で実験結果が必ず正しいとも限らない。実験結果を神聖視してしまうのは、現物というリアルさが持つ一種の幻想が含まれるからだ。確かに、費用も時間もかかる実験をＣＡＥで置き換えること

ができれば大きな成果となるが、ＣＡＥと実験の差を埋めるには、方法論（Ｖ＆Ｖなど）と計算工学、実験の知見、時間が必要となる。

樹脂を型の中に射出して成形する射出成形のＣＡＥがある。現在では、実際の現象とＣＡＥでピタリと同じ結果が出るようになった企業がある。ここに至るまで10年を要したという。

まとめると、ＣＡＥの役割は以下のようになる。

設計の迅速化のために、設計者がＣＡＥを使えるようにすることである。また設計の高度化のために設計に役立つ解析技術を構築することである。この二つは設計の検証力に直結し、設計の質を高める。

七・二　設計プロセスと解析の難易度

製品の設計開発プロセスに応じて、必要となる解析は変わる。そして一般的には、設計プロセスが進むにつれて必要となる解析の難易度は高くなる（**図7・1**）。

基本設計の時には、設計の自由度は高い。よって構造や熱に関する検証は粗いモデルによる設計の方向性を探る解析がメインとなる。構造や形状が決定していない段階なので、詳細な検証をする必要がないし、できない。初歩的な線形静解析で十分な範囲だ。そのため、使用するＣＡＥ製品は、エントリーレベルの安価なもので十分だ。Ｗｉｎｄｏｗｓベースのフリーソフトウェアも存在する。形状

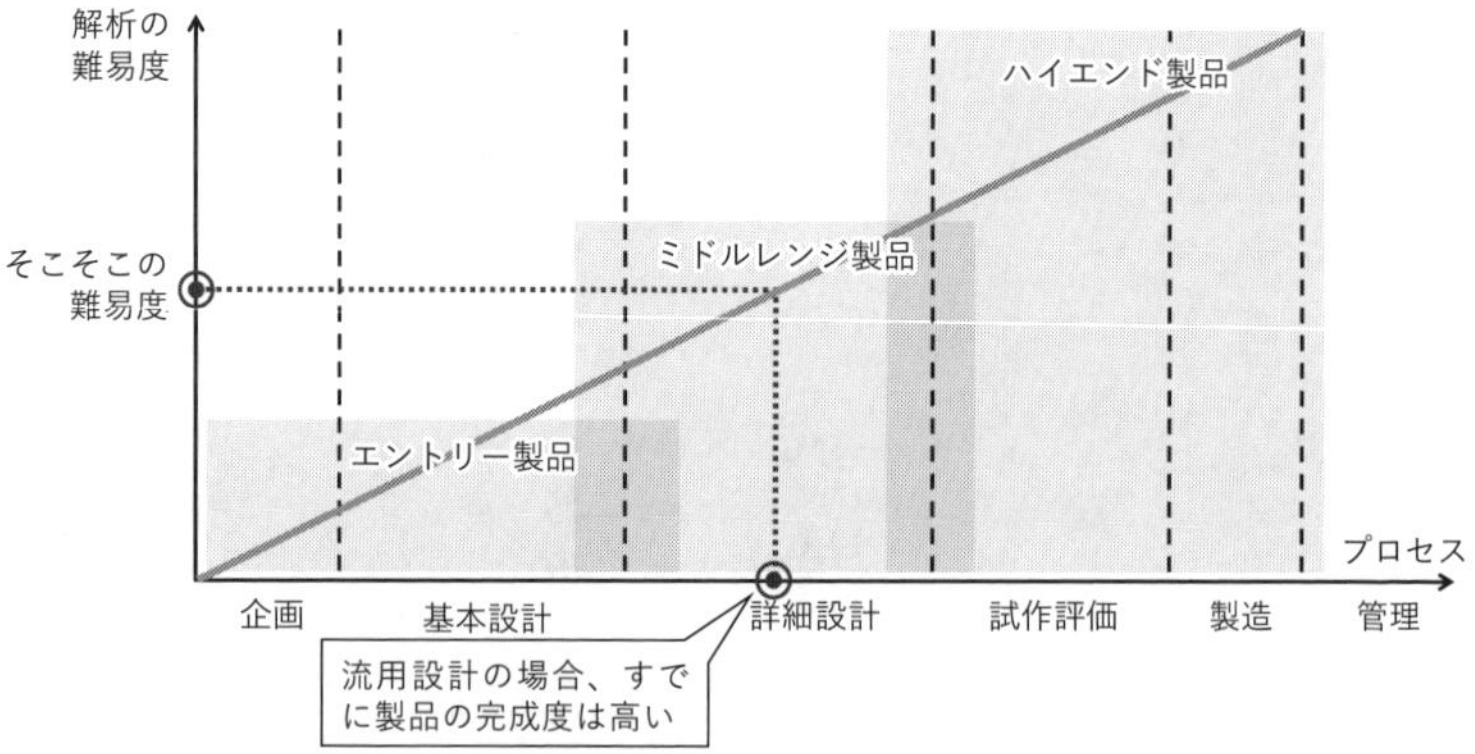

図7・1　開発プロセスと難易度

や構造が単純な場合、解析ソフトウェアを使うまでもなく、対象物を単純な棒状の片持ちばりなどに単純化して、手計算で検討する場合もある。

実際には、この段階でCAEを使って設計の方向性を模索することは少ない。本来、この段階は、設計変更に要するコストが少ないので、質を高める努力をすべきフェーズである。CAEはそのための強力な道具であるにも関わらず、設計の検証は先延ばし、後回しとなる。この段階での検証は、後のプロセスでの大きな手戻りを減らす最初のステップである。設計の方向性を、CAEを使って工学的に検証することは、設計の意図の裏付けにもなる。

詳細設計に入ってくると、設計の検証のために必要な解析難易度は上がる。この段階では、いくつかの部品が組み合わさった状態での検証が必要となるため、アセンブリ状態による解析が必要になる場合もある。アセンブリ解析となった時点で部品と部品の接触を定義する必要がある。すでに非線形解析の領域だ。有限要素法の適用は連続体であることが望ましい。複数の部品が組み合わさった時点で、解析に多くの仮定が入り込むことになるからだ。

この段階になると、ミドルレンジレベルの製品が必要となる。昨今の3DCADに付属しているCAEモジュールは、機能が充実しつつあり、アセンブリ解析や接触を考慮した非線形解析ができるようになっている。機能としては提供されているものの、それらを使いこなすためには、仮定したデータの解釈と根拠、数値解析の暗転性の制御、解析結果の妥当性の検証などの知見が必要となる。

実際には、このレベルになると設計者では解決できない場合が多い。解析専任者の協力が必要となる。設計者と解析専任者が十分に協議し、お互いの知見を統合して解析を進めていくことができれば、設計者はCAEの勘所を得ることができるし、解析専任者は設計を通して製品知識を得ることができる。問題なのは、そのような時間を取れないことだ。結果的に、解析は解析専任者に丸投げとなる。

詳細設計を経て、試作、実験のプロセスに入ってくると、CAEの難易度は飛躍的に高くなる。実験結果が思わしくない場合、設計変更を行うことになる。その設計変更の妥当性は再度、実験を行うことであるが、実験を行うには時間とコストがかかる。そこで、CAEを使うこととなる。不具合の原因究明と対策の有効性をCAEで検証する。この段階のCAEは解析専任者でなければ対応できない。計算力学の高度な知見が必要となるからだ。さらに、それに対応したハイエンド製品が必要となる。このCAEは本来、設計者がやりたい解析である。手順書などを用意して、設計者に委ねることもあるが、最終的には解析専任者の協力が必要となる。

製品によっては流用設計が多用される。流用設計は、設計期間を短縮したり、品質を確保するために、すでに性能が担保された製品の設計データを流用することである。製品の完成度はすでに高いため、必要とされる解析の難易度は必然的に高くなる。よって多くの場合、設計の検証のためには、アセンブリ解析や接触解析などの非線形解析が必要となり、解析専任者のサポートもしくは解析を依頼することになる。現在の典型的なＣＡＥの有り様だ。この解析専任者依存の一時的・暫定的なＣＡＥの使い方のままでは、ＣＡＥを設計プロセスに組み込むことはできない。

製品が複雑化してくると、それに伴って設計の検証のために必要な解析の難易度は高くなる。製品は各分野で複雑化の一途をたどり、設計者が難易度の高い解析を行わざるを得ない状況になっている。

基本設計時に追い込んだ設計をしておけば、詳細設計で検証しなければならないことは減少する可能性がある。さらに試作・実験に一度で合格する可能性もあるのだ。実験は設計時に想定できなかった不具合を確認するためのものであり、後回しにしたツケを精算するためのものではない。

設計者が難易度の高い解析を行うにはどうしたらいいのか、という視点では、この課題は解決できない。設計者が設計の迅速化、高度化のためにはどのような解析が必要なのか、各プロセスで精査し、ＣＡＥというサービスの提供方法をどうすべきなのかという視点を持つ必要がある。設計者にとって、解析の難易度は関係ないのだ。

七・三　In Process CAE

3DCADが設計の道具として定着し、設計者にとってCAEはより身近なものとなった。メジャーな3DCADには、簡易的なCAEモジュールが実装されている。3Dで作成した形状をシームレスに解析することが可能だ。自動メッシュ分割機能によって、CAEに関する作業は短時間化され、拘束と荷重条件さえ設定すれば、簡単に解析を実行し、結果を得ることができる。3DCADが導入される前は手計算で行っていた設計の評価が、より精度よく短時間でできるようになった。

CAEを取り巻く環境にいい変化が訪れる一方で、筆者の現場経験では、CAEの使い所が間違っていることが多い。

設計者は、3Dで形状を作ることに集中する。その間は、シームレスに連携している解析モジュールがあるにも関わらず、3DCADの形状作成の機能を使っている時間が圧倒的に長い。そして形状が完成してから解析を行って、設計の良し悪しを検証する。設計に不具合があると、振り出しに戻って設計（形状作成）をやり直す。形状作成の全プロセスを手戻りすることになる。このプロセスを繰り返すことは非常に不効率だ（**図7・2**）。

3Dで形状を作成すると、自動的に剛性と質量が決まる。設計条件である荷重をかけて変形量を解析する。そして応力を知ることになる。その応力から設計の是非を判断する。3Dで形状を作成する

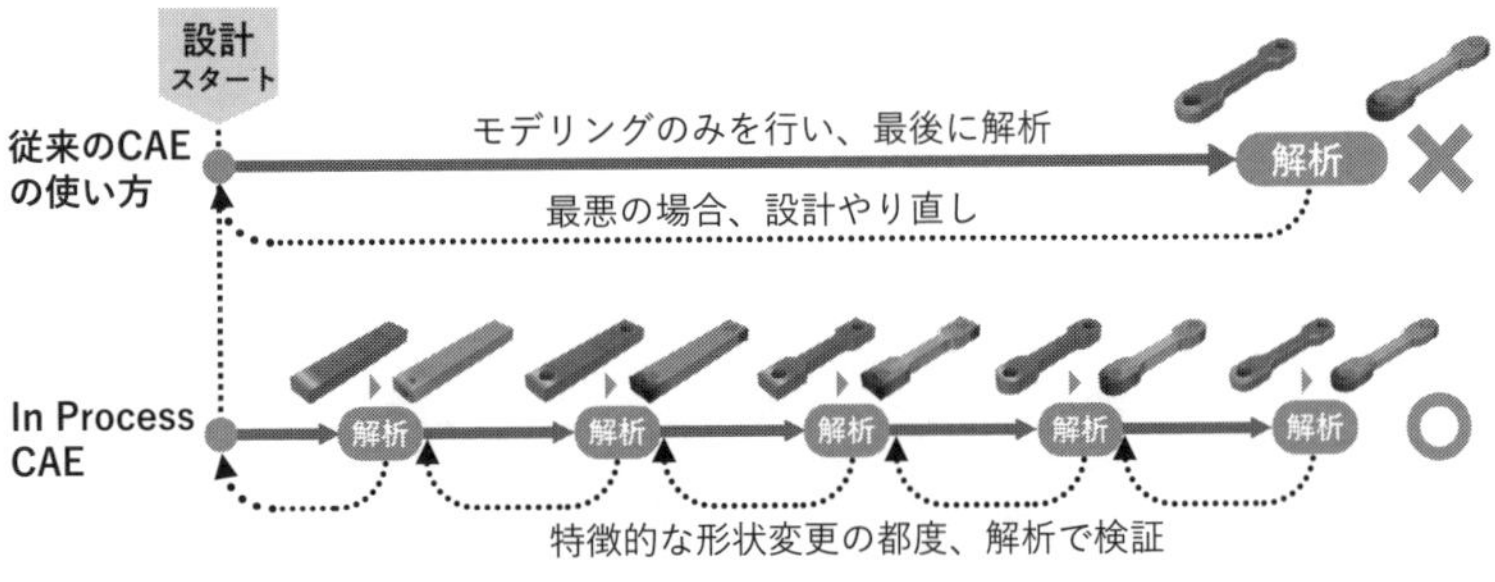

図7・2　In Process CAE

ということは、剛性と質量を決めることだ。果たして、どれくらいの設計者がそのことを意識してモデリングしているのであろうか。このことを意識してモデリングしないと、満足する設計にたどり着くまで、相当数の手戻りを余儀なくされる。暗中模索の設計方法だ。

本来、設計とは、所定の荷重に対する変形量や応力を知ることではなく、所定の荷重に対して望ましい変形量や応力になるように、構造（質量と剛性）を決めることである。それを３ＤＣＡＤとＣＡＥで実践するのだ。

３Ｄモデリングでは、大まかな形状を作成してから詳細な形状を作り込んでいく方法をとる。穴や突起のことを「フィーチャー（形状特徴）」といい、３ＤＣＡＤには、それらを作成するためのアイコン（コマンド）が並ぶ。フィーチャーを追加することによって、モデルの質量と剛性が変わることになる。大きなフィーチャー操作を行った時、または小さなフィーチャー操作でもそれを数回繰り返した時をトリガーとしてＣＡＥを実施すれば、要件を検証しながら設計を進めることができる。このことを「Ｉｎ　Ｐｒｏｃｅｓｓ　Ｃ

AE」と名付けた。

３ＤＣＡＤに実装された解析モジュールは、３Ｄモデルと解析モデルがシームレスに連携しているため、都度検証がスムーズに行える。一度設定した荷重・拘束条件は、３Ｄモデルに大きな変更がない限り、継承される。３ＤＣＡＤに実装されている解析モジュールは、解析を手軽にできるように設計されている。形状作成とその性能評価を簡単に行き来できるようになっている。この行き来の回数が圧倒的に少ないのが、３Ｄモデリングの現状である。

通常は、３ＤＣＡＤモジュールと解析モジュールは分離して存在する。Ｉｎ Ｐｒｏｃｅｓｓ ＣＡＥを実践しようとすれば、このモジュール間を頻繁に行き来することになる。ソフトウェアの構造上、モジュール間の行き来には、ある程度の時間が必要だ。ユーザーサイドから見れば、わずかながら待ち時間を感じることになる。この伝統的な方法を採用している限り、３ＤモデルとＣＡＥの本質的な統合は難しい。

２０１８年頃から、これまでとはまったく異なる概念を持つ技術が登場した。３ＤＣＡＤで作成したモデルに荷重・拘束条件を設定した瞬間に３Ｄモデル上にミーゼス応力のコンター図が表示される。モジュールの切り替えもメッシュ分割も必要ない。そのモデルに穴を開ければ、ミーゼス応力のコンター図がたちまち変わる。これこそがＣＡＤとＣＡＥの本質的な統合であり、Ｉｎ Ｐｒｏｃｅｓｓ ＣＡＥを実践する上で威力を発揮する。同画面に、最大ミーゼス応力や重量のグラフを表示しておき、形状を細工する度に、それらのグラフがリアルタイムに変わる。この技術は、応力のみならず振動にも有効だ。形状に細工を施す度に、固有振動数が変わる。さらに、流体にも適用可能でインレットとアウトレットを指定すると流速線が流れるように描かれる。CAEに必要なメッシュ分割などの一連の作業や解析のための待ち時間を一気に省略することができる。形状をモデリングするのと同時に性能を評価できるのだ。

この技術は、これまでの解法とは異なるアプローチとなっている。「解析空間」のようなボリュームが存在しており、その中で形状をモデリングすることによって瞬間的に解析を行う。解析空間の中にメッシュが存在しており、計算はGPU（Graphics Processing Unit）と呼ばれる画像処理ユニットによって行われる。解析空間の解像度はGPUの性能に依存する。

In Process CAEとは、設計と評価（解析）の同時性である。このコンセプトによって、大きな手戻りはなくなる。

七・四　課題の明確化のために

CAEの位置付けは、CAEを利用して解決しようとする課題の種類によって大きく変わる。設計の課題は、設計プロセスの全域にわたって存在する。CAEを課題解決のためのツールとして使う際に、設計視点での課題の調査が不十分であることが多い。

設計の課題はクリティカルだ。生じる課題はあらかじめ予測することができない。そこで課題を解決するためにCAEに頼ることになる。解くべき問題は非常に具体的だ。このように、現状ではCAEは特定の目的のために使われることが多い。CAEは設計の課題を解決するために一時的に使われるのみだ。In Process CAEからは、ほど遠いCAEの使い方と位置付けとなっている。

この対処療法的なCAEの使い方を改善しなければ、この図式は延々と続く。そのためのソフトウェアの選択も課題解決の機能にのみ注目したピンポイントなものとなる。また解析専任者は、新しい解析技術やソフトウェアに興味を持つのは当然である。それこそが解析専任者の知見を高める唯一の方法であるからだ。まれにその欲求が設計課題の解決を上回ることがある。ソフトウェアの選定が解析専任者の興味本位で選定されることは避けなければならない。設計の課題を包括的に収集分析し、広く課題を解決できるソフトウェアを選定しなければならない。そのためには課題収集のプロセスを定義すべきだ。筆者の場合、導入するソフトウェアの投資効果を最大にするために、以下のような手法で課題を明確化している（**図7・3**）。

まず設計部門からメンバーを募る。そして「KJ法」を用いて現場の課題を出す。KJ法とは、ポストイットなどの小札に課題を書き込んで、それを分類整理する方法だ。単に課題を出すことをお願いしても、そう簡単には出てこない。筆者の場合、マンダラートを用いた特殊なKJ法を使っている。マンダラートとは、3×3の9つのマスの中心にテーマを書き、その周りの8マスにテーマに準じた項目を書き込んでいく方法である。この作業を行ってもらう前に、マンダラートに関する簡単なレクチャーを行う。このレクチャーによって課題の粒度がある程度統一される。

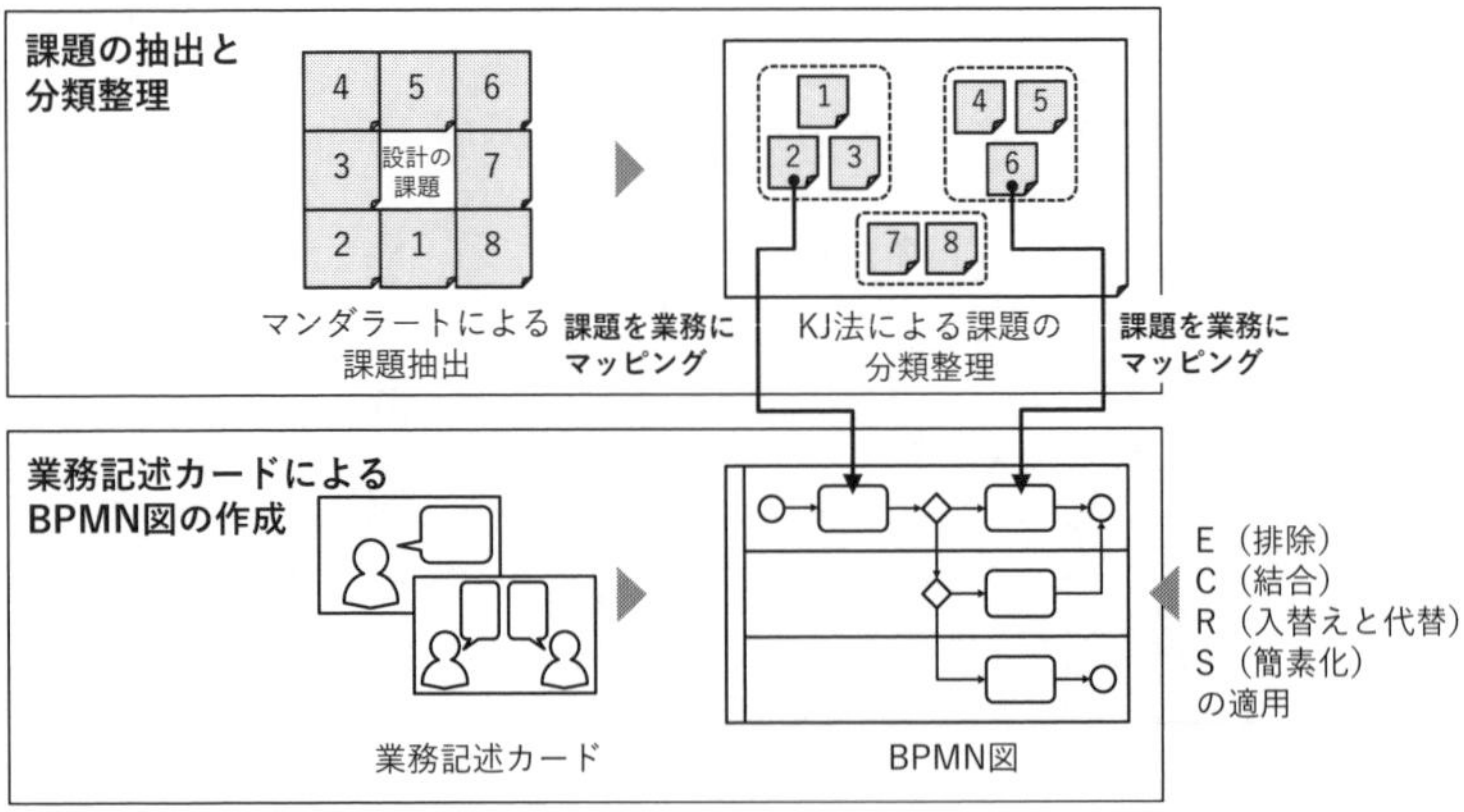

図7・3　課題の明確化

マンダラートによって小札化された課題を分類整理してグループ化する。グループには、課題を象徴するような「表題」をつける。

次に、設計のプロセスを可視化する。プロセスの可視化にはさまざまな方法があるが、筆者の場合は、「ビジネスプロセスモデル表記法（BPMN：Business Process Model and Notation）」を使う。BPMNは、業務フローを表記するための国際標準（ISO19510）である。

このBPMN図の作成には、実際に業務を行っているメンバーの協力が必須だ。しかも、相当な工数が必要となる。BPMN図には詳細な表記規則があり、それを遵守しようとするとさらに工数が必要となる。また各業務の粒度が均等にならない。工数のかかるBPMN図の作成を多忙な設計者や関係者に作成を委ねるためには、工夫が必要だ。

筆者の場合、特別な方法を用いて、設計者や関係者の隙間時間に業務を記述できるようにしている。裁量単位まで分解された具体的な多数の業務内容を人物のイラストで示したカードを用意する。その人物を自分のアバターとして扱い、業務遂行者自身がカードに業務を記入する方法を使う。カードが最小単位のタスクで作られているため、複雑な作業にはそれ相当のカードの枚数が必要となり、単純な作業はカードの枚数が少なくなる。結果的に業務の粒度が統一されることとなる。

ここまでの作業で、多数の業務が線で繋がれたBPMN図と、課題が記された小札が揃う。課題は業務の中で生じるので、課題の小札に対応した業務がBPMN図の中に必ず存在する。課題の小札をBPMN図にマッピングしていく。この作業によって、どの業務にどのような課題があるのか明確になる。

課題のある業務に対して、「ECRS」という改善の4原則の適用を模索する。ECRSとは、業務を改善するための視点を示したものである。Eliminate（排除）、Combine（結合）、Rearrange（入替えと代替）、Simplify（簡素化）の頭文字を並べたもので、実施時の効果の大きい順番となっている。

課題がマッピングされた業務に対して、ECRSの適用を模索する。例えば、CAEを使ってこの業務を「排除」できないか、「統合」できないか、といった具合である。今回はCAEをECRSのツールとして挙げたが、他のITツールで検討することも可能だ。

このような方法により課題を明確化すれば、時間がかかるが、各部署の共通認識と合意の上で課題の解決に取り組むことができる。

七・五　「座学軸×操作軸」による教育展開

ＣＡＥの位置付けの変化に伴って、教育の展開方法も変化しつつある。筆者は、設計者を対象として設計視点からＣＡＥの使い方を学ぶ講座を開催している。受講者の多くはすでにＣＡＥを使っている。その講座の中で、片持ちばりの手計算の問題を出す。公式、および公式の各変数となる、はりの寸法、荷重、ヤング率など計算に必要な数値はすべて提示する。単位換算も必要となる。この片持ちばりの手計算の正解率は33％である。設計者の３人に１人しか答えを導き出すことができない。受講者はすでにＣＡＥを使っているのでソフトウェアの操作はできるということである。片持ちばりの手計算の例題から、ソフトウェアの操作と座学知識のバランスに課題があることがうかがえる。

座学とソフトウェアの操作（以下、操作）のバランスを保たないと、ＣＡＥは設計の役に立つどころか危険因子となる場合がある。

例えば、「応力特異点」という有限要素法の数値解析上、評価に注意が必要なことがある。応力特異点の応力は理論上、無限大となる。ただし、有限要素法は数値解析なので、無限大という答えは出ない。何らかの数値を表示する。メッシュ分割を細かくすればするほど、特異点の応力はどんどん大きくなる。応力特異点という有限要素法の数値解析上の特性を知らなければ、応力を間違えて判断してしまう。

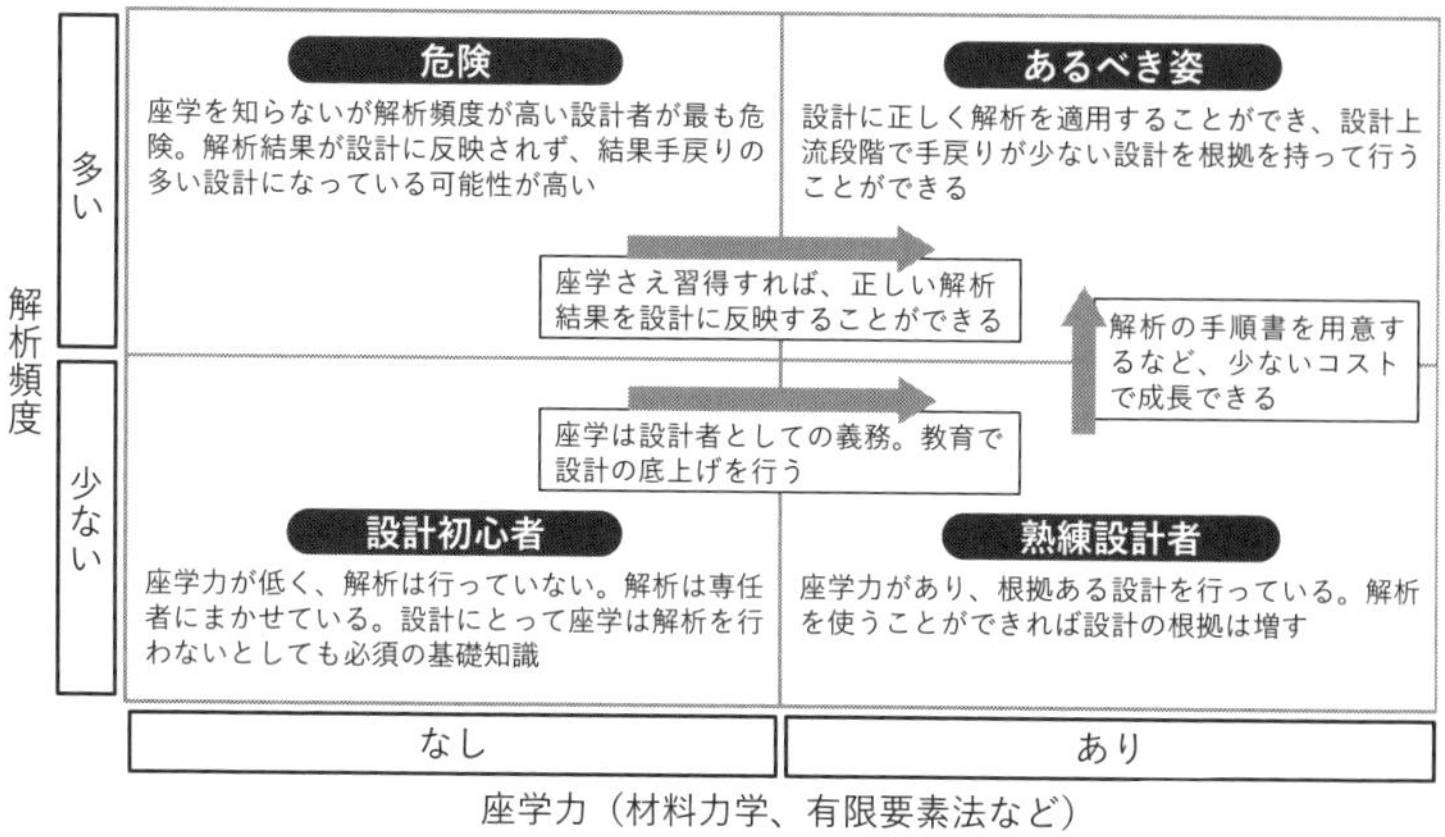
危険
座学を知らないが解析頻度が高い設計者が最も危険。解析結果が設計に反映されず、結果手戻りの多い設計になっている可能性が高い
あるべき姿
設計に正しく解析を適用することができ、設計上流段階で手戻りが少ない設計を根拠を持って行うことができる
座学さえ習得すれば、正しい解析結果を設計に反映することができる
解析の手順書を用意するなど、少ないコストで成長できる
座学は設計者としての義務。教育で設計の底上げを行う
設計初心者
座学力が低く、解析は行っていない。解析は専任者にまかせている。設計にとって座学は解析を行わないとしても必須の基礎知識
熟練設計者
座学力があり、根拠ある設計を行っている。解析を使うことができれば設計の根拠は増す
解析頻度
多い
少ない
なし
あり
座学力（材料力学、有限要素法など）

図7・4　設計者の座学力と解析頻度のゾーニング

横軸に座学軸、縦軸に操作軸を考えて、四つの象限を考える。この象限ごとに教育をプランすることが効率的であり、投資効果も高い。この四つの象限について解説する（図7・4）。

①座学軸が低く、操作軸も低い

材料力学などの座学を学んだ経験がなく、ソフトウェアの操作も未習熟である。設計の未経験者が設計部署に配属された直後がこの象限に当てはまる。設計の出発点だ。設計部署にて数年を経て、この象限に属する者はほとんどいなくなる。

設計にＣＡＥを活用していく上でのスタート地点となるので、座学と操作をバランス良く育てるカリキュラムが必要だ。

②座学軸が高く、操作軸が低い

経験と勘で設計を行ってきた熟練の設計者がこの象限に当てはまる。設計の検証は手計算や実験で行う。ＣＡＥに対して否定的な人が多い象限でもある。設計対象物の知識も豊富で、設計部署の〝ご意見番〟的な存在だ。

この象限の人がCAEのスキルを持てば、設計の精度が上がり、設計期間を短縮することが期待できる。設計の勘所をわかっているため、CAEを検証の道具として適確に使えるようになる。

③座学軸が低く、操作軸が高い

ソフトウェアの操作を先に習得し、講習会のテキストなどを参考に見よう見まねで設計の検証にCAEを活用する人がこの象限に当てはまる。デジタル・ネイティブな若い人が多い。この象限の人は、CAEの結果を定性的に評価するための材料力学や、定量的に評価するための有限要素法の基礎知識が不足しているため、CAEの利用は危険である。

この象限の人は、ITリテラシーが比較的高く、CAEそのものには抵抗感がないため、座学さえ習得すればCAEを設計に活用できる。

④座学軸が高く、操作軸も高い

この象限に位置する人は、製品知識と設計経験が豊富で、設計にCAEを十分に活用できていると言える。すべての検証にCAEを使うわけではなく、ポイントを絞ってCAEを適用する。CAEの設計への活用形態のあるべき姿だ。

この象限がCAEを使う設計者として目指すゴールである。さらに解析専任者へのキャリアパスの出発点として理想的である。

設計におけるCAEの活用を目指すのであれば、設計を行う人がどの象限に位置するのか明確にする。そしてそれを教育プラン策定のベースにすべきである。

材料力学も有限要素法の理論も学問としては深い。設計を本道にしながらそのすべてを習得することは厳しい。理論的なことすべてを知らなければCAEが使えないわけではない。設計の検証に必要な座学の知識はある程度絞り込める。それらのポイントを押さえた教材作りが重要となる。設計者は多忙なので集合教育は難しい。時間と場所を選ばず取り組めるeラーニングの導入も考えたい。eラーニング・システムはオンデマンドのコンテンツ配信だけではなく、受講者の理解度テストや進捗管理なども行えるので教育の可視化が可能となる。

ある心理学者が、世界の有名なピアノ・コンクールの上位入賞者にインタビューを行った。ピアノを長く続けられた理由は何か。ほとんどの人が「先生が楽しく教えてくれたから。練習が楽しかった」と答えた。教育には「楽しさ」が重要だということだ。「楽しさ」は「やりがい」につながる。教育システムを模索する際には、「楽しさ」という要素を盛り込むことを提案する。例えば、eラーニングの各チャプターの最後にミニテストや設計の勘所のコラムを加えるなども一種の「楽しさ」になる。

２０２３年現在、ある設計者向けのＣＡＥソフトウェアは、解析結果から応力特異点の可能性を指摘してくれるなど進化している。しかしながらその機能は不十分で、最終的には人の判断が必要となる。その判断を支えるのが知見であり、知見は教育によって得ることができる。

ＣＡＥの位置付けが変化することによって教育の方法も変化する。今後、ＣＡＥの位置付けが変われば、ソフトウェアの操作の学習はほとんど必要なくなる可能性がある。しかし、材料力学などの座学は設計に関わる者のライセンス的存在だ。座学を楽しく学ぶ仕組みを作ることは重要である。

COLUMN

欧州の設計事務所

欧州には、一般企業と設計協業を請け負う設計事務所が存在する。2015年前後、その設計事務所の設計実力を探る意味もあり、筆者（内田）は訪問したことがある。その時、設計協業を行う際、どのような内容の契約書を取り交わすのか興味もあり、その契約書を見せて頂いた。

その中でCAEに関することは、第七章で示した「図7・1開発プロセスと難易度」のごとく3段階に分けてあり、ステップごとに用いる汎用ソフトウェアの名前が記述されていた。

一般的に開発が進むにつれて、CAEを用いた設計検討では設計仕様の詳細部位まで検討できる専用の汎用ソフトウェアに変更しながら、設計仕様の熟成を行うものだ。この契約書では開発レベルが1から2へ、2から3へ、ステップアップするにつれ、用いる汎用ソフトウェアの種類と名前が明記していた。また、各ステップで用いるモデルとCAE解析結果が次のステップで活用できるよう、データ連携可能な標準フォーマットについてまで明記してあったのを覚えている。

今から7―8年前のことなので多くは覚えていないが、設計仕様の熟成にはCAE活用は当たり前だが、その設計の中でステップに分けてCAEの検討レベル内容も契約書に明記するほど、CAEと設計、ビジネスとCAE、それらが連携した形で取引が行われていることがわかる。

第八章

CAEの現場をアップデートせよ

この章では、「利用」にとどまっているCAEを、次のフェーズである「活用」にもっていくために、設計現場のCAEをどのようにアップデートしていくべきかを述べる。

設計者が必要とするCAEの難易度が上がり、設計者の手に負えなくなり、解析専任者へ解析そのものを依頼する、という図式はここ数十年の間、変わっていない。この状態では、いつまでもCAEとCAEに関わる人たちの地位は向上しない。

一方でこの迷宮を抜け出し、CAEを十分活用している企業もある。その事例から得たノウハウも含めて、CAEの活用のヒントを提案する。

八・一　フロントローディング化の設計プロセス変革

「フロントローディング」という言葉が使われるようになって久しい。考え方としては、もはや古典とも言える。フロントローディングは、コンセプトとして文献やインターネットで広く紹介されているものの、具体的な実施方法についての情報は多くはない。

いろいろな考え方があるが、筆者なりのフロントローディングの考え方は以下の通りである。

開発が進むに従って、材料やその仕入先、製造に関わる設備などが決定してゆく。同時に設計変更の自由度は減り、設計変更に必要なコストは増える。設計製造の後行程で、試作と実験によって発見される不具合を設計の初期段階で発見し対応することで、設計変更のコストが小さいうちに設計の質

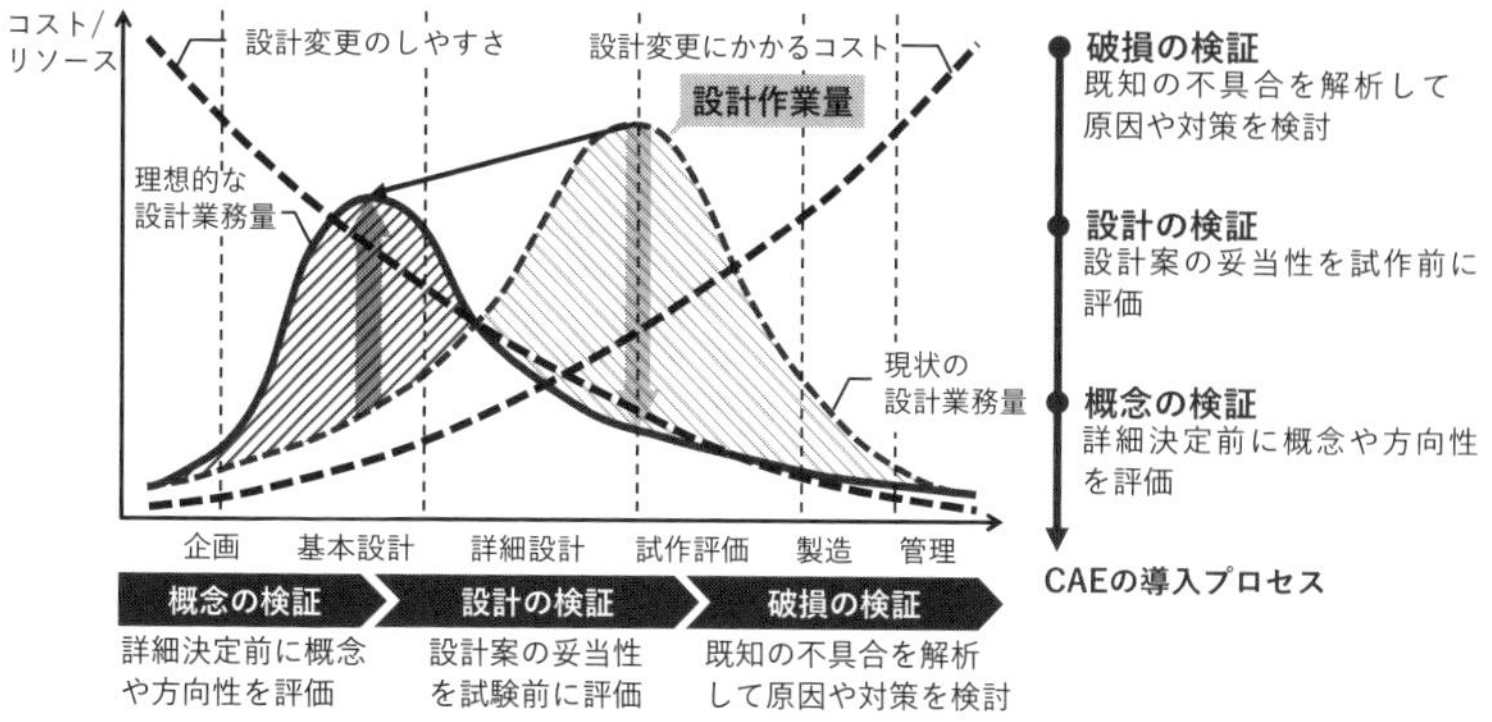

図8・1　フロントローディングとCAEの導入プロセス

を高める努力をすることである（図8・1）。

単純に見れば設計者の負担が増すことになる。本来であれば下流行程で行われていたことを、それが仮想的であれ、設計の初期段階から実施しなければならないからだ。設計者にフロントローディングを行うための何らかの道具を与えなければならない。その代表的な道具が、3DCADとCAEである。

3DCADとCAEによって作られるのが、バーチャルモデルである。フロントローディングを実現するためにはバーチャルなモデルが必用となることは間違いない。

バーチャルモデルは最低でも二つの情報を持たなければならない。形状の仮想情報と性能の仮想情報である。

形状の仮想情報は3DCADによって作られる。性能の仮想情報はCAEによって作られる。この二つの道具とそれによって作り出されるバーチャルモデルでエンジニアリングチェーンのベースを形成する。

試作や詳細な手計算によってしか得ることができなかっ

た、重量、重心位置、重心点まわりの慣性モーメント、表面積などは3DCADモデルから知ることができる。アセンブリー時の干渉チェックや、組み立てることができるかどうかの確認も可能だ。

さらにCAEによって、変形量、応力、振動数などの構造要件、その他に流体や磁場、音響などの特性まで仮想的に知ることができる。

このバーチャルモデルを使って設計の初期段階から製品の完成度を高める。

『2020年版ものづくり白書』（経済産業省）には、以下のようにまとめられている。

フロントローディングを進めるためには、バーチャル・モデルによるデジタル化によって、設計、製造、サービスの連携を行うことが不可欠である。

フロントローディングはすでに多くの企業に理解され、実行に移されようとしているが、日本においてその進捗は極めて限定的である。日本におけるフロントローディングはまさに「絵に描いた餅」のような状況だ。その進捗は欧米に比べて大きく遅れている。

日本の製造業でフロントローディングが遅れている原因について、『2020年版ものづくり白書』で以下のように述べられている。

2D図面による設計が主流で3D設計が根付いていない。バーチャル・モデルにはほど遠い。

現場、つまり製造部門の技術力と調整力が高く、設計の不具合を現場で修正できてしまう。エンジニアリングチェーンが分断されている。

定型化された仕事のプロセスを変えるのは難しい。他部門や他社と連携しているのであればなおさらだ。

しかしながら、製品とそれをとりまく環境は多様化し、複雑化・高度化している。さらにカーボンニュートラルや希少資源についての規制も設計製造環境を厳しくする。これらの要因は設計製造方法に大きな負荷をかける。そしてその負荷は不確定かつダイナミックに変化する。２Ｄ図面主体の設計製造方法で、ベテラン技術者が減少する中で、この負荷に迅速に応えることができるのか。

まずすべきことは、設計の徹底的な３Ｄ化、デジタル化である。そしてそれをエンジニアリングチェーンの基底データとすることだ。

設計・性能情報がデジタル化されることによって、初めてフロントローディングが可能になる。逆に言えば、デジタルデータなしにはフロントローディングを実施することはできない。フロントローディングが有効なことはわかっていても、なかなか実施に踏み出せないのは、設計・性能情報の徹底的なデジタル化ができていないからだ。

設計・性能情報のデジタル化については、設計方法の変革、各部署間の調整など見直さなければならない課題が多い。それらの課題を理由に停留している。筆者がアドバイスしても「とは言っても……」「そこを変えると……」などの否定的な意見が多い。フロントローディングに標準を合わせて課題解決に取り組まないことによって、日本の製造業は欧米から大きく遅れをとっている。

フロントローディングというフレームワークはモノづくりの基本的なフォーマットだ。今こそフロントローディングの有効性を理解し、真摯に取り組む時である。

八・二　設計プロセスにおけるCAEのカテゴリー

フロントローディングの横軸は時間だ。時間はまさに設計プロセスである。設計プロセスに応じて使われるCAEツールも変わるべきである。筆者は、CAD／CAEソフトウェア・ベンダーの立場から、CAEソフトウェアの適用状況を定点観測してきた。その観点から得たCAEソフトウェアの適用状況を述べる（図8・2）。

CAEは、破損の検証から適用された。製品のリリースが迫っている施策評価や製造段階で不具合を解析して原因や対策を検討するためだ。不具合の原因を探り、対策を検討することは時間的にもクリティカルな状況と言える。この段階での解析難易度は高く、汎用ソフトウェアでなければ解析できない事象がほとんどである。

ここで成果を出したCAEという技術を、設計プロセスの時間軸を遡り、設計段階に適用したのが次のフェーズである。CAEを使って設計案の妥当性を試作前に評価することが目的である。当然のように汎用ソフトウェアを使うことになる。3DCADにCAEモジュールが実装されるようになり、汎用ソフトウェアの出番は減ったものの、製品の複雑化と流用設計の一般化が進み、設計者が必要な解析には機能不足である。結局のところ設計者が必要な解析を実施するためには汎用ソフトウェ

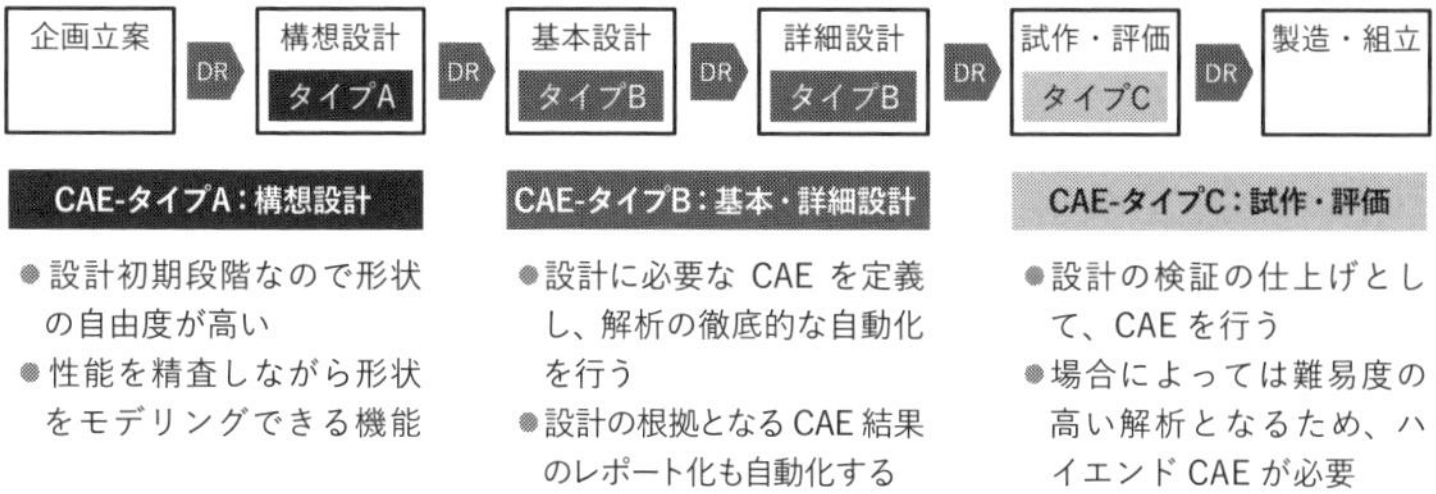
企画立案
DR
構想設計
タイプA
DR
基本設計
タイプB
DR
詳細設計
タイプB
DR
試作・評価
タイプC
DR
製造・組立
CAE-タイプA：構想設計
●設計初期段階なので形状の自由度が高い
●性能を精査しながら形状をモデリングできる機能
CAE-タイプB：基本・詳細設計
●設計に必要な CAE を定義し、解析の徹底的な自動化を行う
●設計の根拠となる CAE 結果のレポート化も自動化する
CAE-タイプC：試作・評価
●設計の検証の仕上げとして、CAE を行う
●場合によっては難易度の高い解析となるため、ハイエンド CAE が必要

図8・2　設計プロセスとCAEのカテゴリー

アの機能が必要となる。設計者の解析スキルでは汎用ソフトウェアを使うことが難しい。よって解析を解析専任者に丸投げすることになる。多くの企業が、この段階にとどまっている。

CAEにフロントローディング的な考え方を持ち込むと、概念の検証時にCAEを使うことが考えられる。詳細決定前に概念や方向性を検討するのだ。この段階で汎用ソフトウェアを使うのは好ましくない。概念の検証時にはたくさんのケースを検討する必要があり、汎用ソフトウェアでは小回りが利かない。概念の検証時のCAEには、3DCADバンドルのCAEモジュールが適している。

設計プロセスに適したCAEソフトウェアについては「大は小を兼ねる」という原則は成り立たない。CAEの汎用ソフトウェアは、設計プロセスのかなりの部分に適用できるが、そのプロセスの担当者たちに使いやすいとは限らない。ソフトウェアの投資効果を最大限にするためにも、各プロセスに適したツールや使い方を選択することが重要となる。

構想設計時のCAEを「CAE－タイプA」、基本・詳細設計時のCAEを「CAE－タイプB」、試作・評価時のCAEを「CAE－タイプC」とカテゴリー分けして考える（図8・2）。

①CAEータイプA：構想設計のCAE

構想設計時にCAEを利活用している例はまだ少ない。その理由は次の通りである。

CAEはメッシュ分割などCAE特有の「作業」がルーティーンとして存在する。構想設計時には形状の自由度が高い。形状を変更するたびにCAEに関わる作業を行うのは煩わしい。よって設計の検証は後工程に任せることになる。

3DCADのCAEモジュールを利用したとしても、CADとCAEを行き来する煩わしさは変わらない。この段階に多数の設計案を検討することこそがフロントローディングとなり、後工程での不具合が減少する。構想設計時にCAEを活用するためには、新しいコンセプトのCAEツールが必要となる。CAEに関わる作業を一掃してくれるツールだ。CAEのための形状修正やメッシュ分割を行うことなく、形状を作成、修正する都度、性能を評価してくれるツールでこそ、設計の試行錯誤に役立つ。そのようなツールは2023年現在、すでに存在している。

②CAEータイプB：基本・詳細設計のCAE

CAEの活躍が一番期待できるのが基本・詳細設計時だ。繰り返しとなるが、設計者の必要としている解析の難易度は上がっており、実質的に解析専任者の協力が必須だ。解析専任者の主たる業務が設計者の解析のサポートとなってしまい、解析専任者が取り組むべき解析技術の研究に時間を割くことができない。この状態が定常化してしまう。このフェーズこそ乗り越えるべき最大の壁である。

CAEを有効に利活用している企業では、設計者が必要とする解析を徹底的に自動化している。

「CAEで何ができるか」ではなく「設計に必要なCAEとは何か」という視点でCAEの利活用を考えている。設計に必要なCAEはその難易度に関わらず自動化・自律化を推し進める。

③CAE―タイプC：試作・評価のCAE

これまでのCAEは設計の方向性を探り、設計の評価をするためのものだった。換言すれば、追い込んだ設計をするためのCAEである。タイプCのCAEは、設計の総合的な評価を行うためのものであり、実験に近いものと言える。設計の各要素でOKであっても、要素が集合した場合にOKとなるとは限らない。その是非を検証するためのCAEがタイプCである。

タイプCの解析は難易度が高い。アセンブリ、非線形などを扱わなければならない。さらに、数値解析そのものの知見も必要だ。解析専任者の出番であり独壇場だ。

以上のように、CAEの活用度合いをアップするためには、設計プロセスに準じたツールと使い方を定義することが重要である。

八・三　CAEの自動化と自律化

CAEが設計プロセスに浸透している企業は、CAEを自動化・自律化している。自動化と一言で言ってもその範囲は広い。ここでは自動化の技術と方法、気をつけるべきポイントを述べる。

自動化の目的と種類

自動化の目的は2種類ある。解析専任者の作業を自動化するものと、設計のためのCAEを自動化するものだ。解析専任者は自身の行う解析を効率化するために自動化を行う。複雑な解析の設定の自動化や、複数のソフトウェアを連携して解析を行う場合など、主に操作時間を短縮したり、正確さを保持したりするために自動化を行う。

解析専任者は、CAEやコンピューターに対するリテラシーが高いので、すでに自身の仕事の範囲内で自動化を行っている場合が多い。属人的な自動化と言える。

一方で、設計のためのCAEの自動化については、ほとんど開発されていない。その理由としては、以下の通りである。

- 解析専任者の知見を講習会などで設計に伝え、設計者がCAEを使うことを手段としているため、設計のための自動化は必要ない
- 解析専任者が、設計者がどのような課題を持っているか知らない。また製品自体についての知識も薄い。設計者と解析専任者のコミュニケーション不足
- 設計者がCAEを使うことを好ましく思っていない。CAEは解析専任者の領域であり、特権でもある

これらの理由はどれも社風や慣例にもとづくものであり、設計のための自動化を推進する前に払拭

しておく必要がある。

設計に役立ってこそのCAEであり、「このCAEでできる課題解決」という視点から、「設計に必要なCAE」という視点に変える必要がある。設計に必要なCAEは難易度を問うべきではない。「それはCAEでできない」と言ってしまうのは簡単だが、設計に役立つCAEを広める機会を自ら閉ざしてしまうことになる。解析専任者と設計者が協議し、お互いが歩み寄り妥協点を見つけるという姿勢が重要である。

自動化の種類

カスタマイズは自動化の上位概念だ。設計に必要なCAEが明確になり、設計の課題を既存のソフトウェアで解決できないのであれば、ソフトウェアを連携するか、新規で機能を開発することを視野に入れなければならない。CAEの目的は自動化ではなく、設計に役立つことだからである。

カスタマイズを含めた自動化するための技術には次のようなものがある（図8・3）。

①新規機能開発

高機能、多機能な汎用ソフトウェアをもってしても、業界や製品に特化した解析機能がない場合がある。そうなると、汎用ソフトウェアにその機能を組み込むしかない。一般的に汎用ソフトウェアは、ユーザーサブルーチンという形でユーザーの作成したプログラムを汎用ソフトウェアに組み込むことができるようになっている。

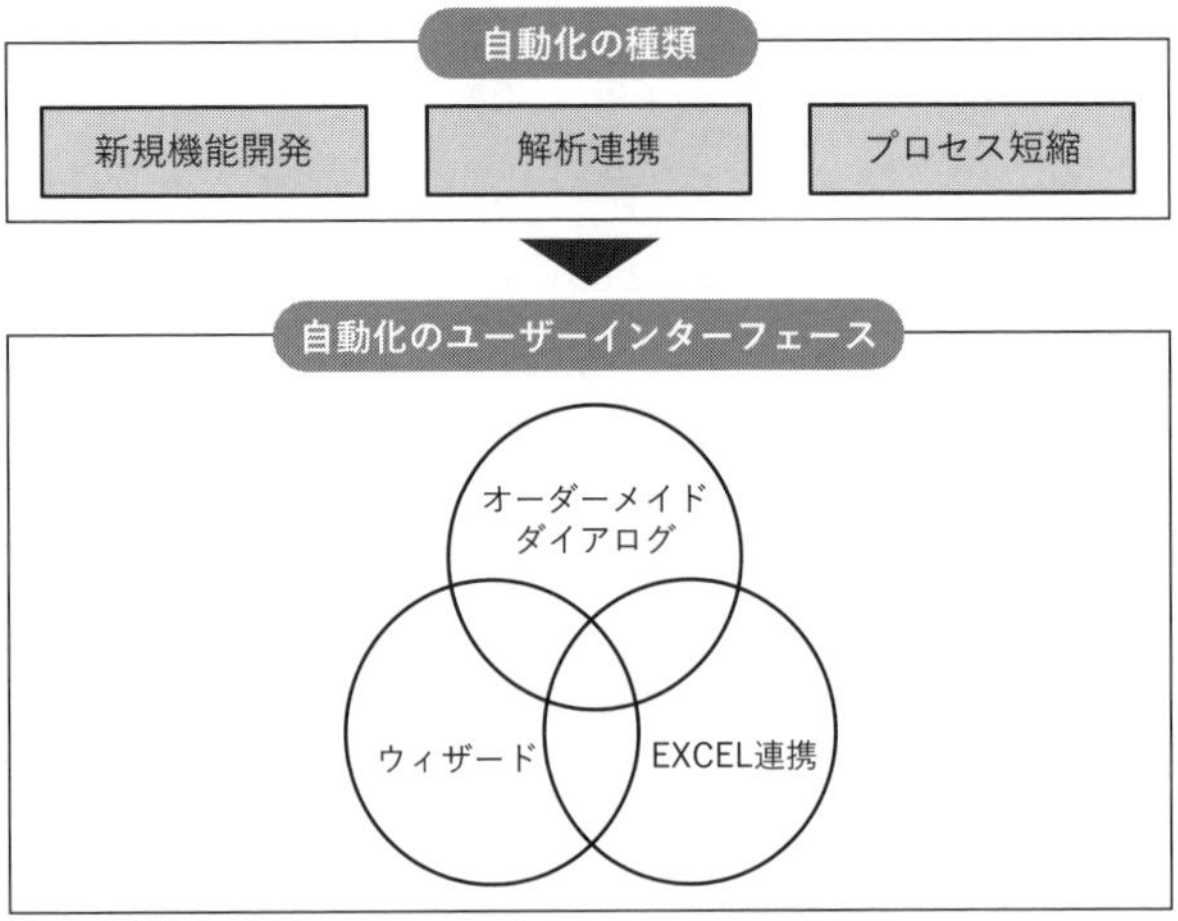

図8・3　自動化の種類とユーザーインターフェース

②解析連携

一つの解析から得られた結果は最終的に必要な結果ではなく、その結果を入力データとして他の解析を行い、その結果が必要な結果であるという場合がある。例えば、温度分布解析を行い、得られた各部の温度を荷重として熱変形を得る場合だ。最終的に必要な結果を得るために、いくつかの解析ソフトウェアを連携する必要がある場合がある。入出力の操作が煩雑となる。

③プロセス短縮

定型的な解析業務をスクリプト化して、操作時間を短縮し、誤入力を排除するものである。ソフトウェアはマクロによって自動実行され、必要であれば、解析結果のレポート作成まで行う。スクリプトの完成度によっては、使用者である設計者がCAEを実施していることを感じさせないものにすることができる。

自動化のユーザーインターフェース

上の3種類の自動化の要素をつなぎ、指示を与えるのがユーザーインターフェースである。実現したい自動化に対して次の三つの形式を組み合わせて設計する。

①オーダーメイド・ダイアログ

CAEソフトウェア内で使われるダイアログの用語は、CAEの内容によってさまざまな専門用語が使われる。それらの用語を設計者に馴染みの深い言葉に置き換えたり、目的の解析に必要のない項目を隠したり、ダイアログをカスタマイズする。

②ウィザード

ユーザーに対して段階を踏んで複雑な処理を進めるための対話形式のインターフェースがウィザードである。同時に対話の中で使用されている用語の説明や、操作のヘルプ画面を表示することもできる。

③EXCEL連携

基本的にはウィザードと同様であるが、ウィザードで入力する項目をMicrosoft EXCELをフロント／エンドとして利用する。入力情報だけではなく、解析結果図をEXCELに貼り込むことにより簡易的な解析レポートの作成が可能となる。

自動化は、明確な課題の抽出と、解析専任者と設計者の協議と合意が必要である。ソフトウェアのバージョンアップに伴うメンテナンスも伴うので、両者の役割を明確にして取り組む必要がある。

「八・四　自動化と同時に考えること」

自動化は設計にCAEを活用する要である。CAEに関わる作業を徹底的に排除することが、設計者がCAEを使う最低条件だ。自動化と同時に考えなければならない項目がある。その項目を示す（図8・4）。

①操作の自動化

アイコンや描画された要素をクリックしたり、ダイアログに入力したり、本来はユーザーが対応する部分を自動化する。操作時間の短縮だけでなく、入力ミスを減らすことができる。入力が必要な最低限の項目は、カスタマイズされたダイアログやEXCELにより行う。解析終了後のデータ処理、結果の整合性の判断、解析レポートの作成までの操作を自動化することによって、ユーザーはソフトウェアを一切操作することなくCAEを利用することができる。

②解析パラメーター設定の自動化

解析パラメーターには、摩擦係数や減衰値など、解析の内容そのものに関わるものと、解析中間ファイルの一時保存ディレクトリなど、解析の実行に関わるものがある。解析の実行に関わるもの

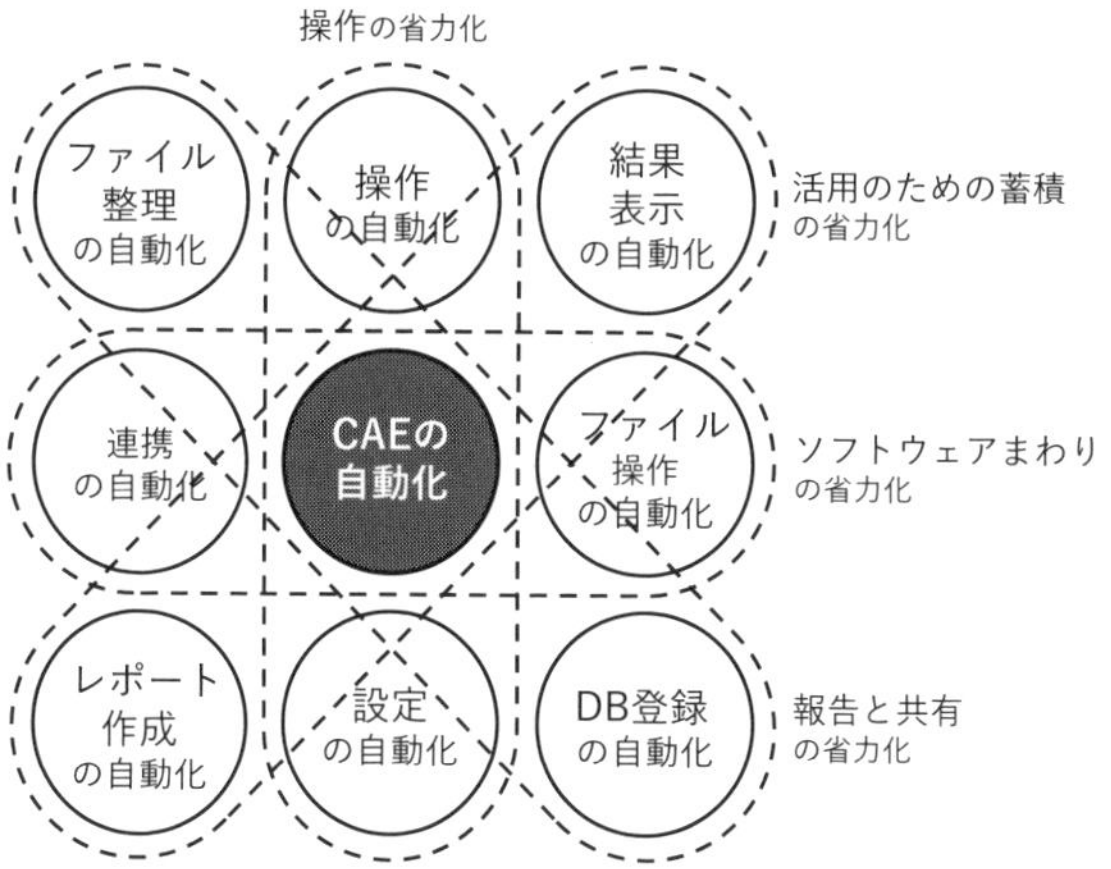

図8・4　自動化に際し考慮すべき8項目

は、解析モデルの大きさや解析の規模によって変わる場合が多い。解析の外的要因のパラメーターを自動化することを考慮しておく。解析の外的要因であるディレクトリの場所や許容されるサイズは、一般ユーザーで変更することは難しく、変更できたとしてもシステム全体のバランスを崩す可能性があるので、専門家による自動化が必要だ。

③複数アプリケーションの連携の自動化

設計に必要な解析結果を得るためには、複数のアプリケーションの連携が必要になる。解析の実行順序や入出力ファイルの連携だ。この連携は煩雑で、解析を何度も実行する場合、以前の結果ファイルを参照したり、必要な結果ファイルに上書き保存してしまったり、ミスを生じる可能性が高い。複数のアプリケーションのワークフローとファイルの入出力をチャート化し、それを設計図としてプロシジャー的な仕組みを準備しておく。

④ファイル操作の自動化

ファイルの操作は、消去、上書きなどの要因を多く含み、手動で行うのは極めて危険である。解析の内容によっては、後から必要となる中間ファイルが出力される場合がある。それらの中間ファイルは、特別な指示をしておかないと計算終了時に消去される。中間ファイルが必要であるならば、解析実行中に生成された中間ファイルを別ディレクトリに複製保存しておくなどの配慮が必要となる。解析内容のワークフローを作成し、中間ファイルの扱いを明確にしておく。

⑤ファイル整理の自動化

ＣＡＥでは多くの中間ファイルやログファイルが出力される。それらは一時保管ディレクトリに書き込まれ、計算終了時にソフトウェアによって自動的に削除されるのが通例だ。ログファイルなどは自動的に保存され、いつの間にか膨大な量となる。解析の内容によっては、解析結果のファイルサイズは非常に大きくＧＢ（ギガバイト）単位となり、整理を怠ると死蔵するだけということになる。また入力と出力の対応を管理と、結果ファイルの履歴管理は必須であり、自動化の重要な要因である。

⑥データベース登録の自動化

解析結果を保存している事例は多いが、それが整理されていないことが多い。データを整理するための第一ステップはデータベース化である。解析データのデータベースへの登録は、解析データそのものの他、解析実行者、解析日時、ソフトウェア名とそのバージョンなどの付帯情報が多数必要だ。この付帯情報の入力が面倒で勘甚の解析データのデータベースへの登録が滞る。ＣＡＥ分野へのＡＩ

技術の進出で、解析データはますます重要になってくる。解析データのデータベース登録も重要な自動化項目だ。

⑦結果表示の自動化

ソフトウェアが自動的に描く解析結果図は、特異点などは一切考慮されていない。また変形図は倍率を乗じて描かれるが、その倍率の表示がわかりにくい。設計に必要な情報をデフォルトの解析結果図から読み取るのは難しい。それ以上に意味を取り違えて判読するのは危険だ。また変化の傾向を知るためのグラフも設計のために必要な情報だ。設計に必要な情報を取捨選択して、設計者に誤解を与えないように加工する自動化も重要である。

⑧レポート作成の自動化

CAEを設計プロセスに定着させるために、設計検証のエビデンスとして解析結果を採用する場合がある。そのためには解析の要点と結果が整理されたレポートが必要だ。設計者が解析レポート作成にかけている時間はない。設計検証に役立つレポート作成の自動化は重要だ。解析レポートは、設計審査会の参考資料として、また解析データベースのインデックス的役割として多方面に役立つ可能性がある。

以上がCAEの自動化・自律化に向けて考慮すべき基本的な8項目である。この他にも製品や設計プロセスに依存する自動化が存在するので、業務分析の上、自動化する項目と内容を決定する。

八・五　CAE部署の組織編成

企業規模にもよるが、２０１７年にウェブメディア「fabcross for エンジニア」が実施した製造業に従事するエンジニア５００人を対象とした調査によると、約32％の会社がCAEの専門部署を組織化している。その調査においては組織の役割などは明確になっていないが、筆者の現場感覚で組織の仕事の内容の現状と、それがどのようにアップデートされつつあるか述べる。

CAE専任部署は、以前は難易度の高いCAEを実施する計算力学の研究職の強い組織であった。それがここ数年、CAEを推進する部署へと組織の役割を変えつつある。

CAE推進部署の主な役割は、運用系と技術系に大別されるが、その境界は明確ではない。CAE推進部署の主な役割は次の通りである。

①ライセンスの管理と運用

CAEシステムのライセンス管理を行う。ソフトウェアの使用頻度・時間をモニターし、ライセンス構成の最適化を行い、コスト削減のための契約ライセンスの見直しを行う。ソフトウェアのバージョン管理、CAEに関連するサーバーのメンテナンスも行う。CAEの利用者に向けたCAEのポータルサイトの作成を行う。また、社内でCAEを推進するためのイベントの企画立案から開催までを行う。CAEの知見より、ハードウェアやOSに関する知見が必要である。

②環境構築

ＣＡＥ業務の効率化に向けてＩＴインフラ構築、セキュリティ対策、運用、保守を行う。情報システム部署と連携することが多い。大規模な解析にはＨＰＣ（High Performance Computing）環境が必要で、事務処理系のシステムとは必要な計算パワーが異なる。クラウドを含めて大規模計算システム環境を設計し構築する。またＨＰＣシステムを効率良く運用するため、ＪＯＢスケジューラーなどの計算制御システム、バックアップも構築する。ハードウェアやクラウドに関する知見が必要である。

③技術支援

ＣＡＥを有効活用してもらうための技術支援を行う。ＣＡＥに関する技術相談窓口として、解析に関する相談や問い合わせに対応する。ＣＡＥに関するトラブルの対応も行う。設計者が実施することができない難易度の高い解析は委託解析として実施する。ＣＡＥ推進のため、解析手順書の作成、教育の企画立案と実施を行う。設計製造現場のニーズに応じて、解析のカスタマイズや自動化を行う。ハードウェアやＯＳの知見より、ＣＡＥに関する知見が必要である。

④解析技術開発

最新のＩＴ技術、ＣＡＥ技術を調査し、中長期視点での技術革新の習得、深耕、統合を行い、各事業部の製品開発にＣＡＥ活用で貢献する。ＣＡＥに関する学会や研究会に出席し、他社の動向と事例を調査する。時流に即したテーマをピックアップ、プロジェクト化して活動する。最新技術を使い、

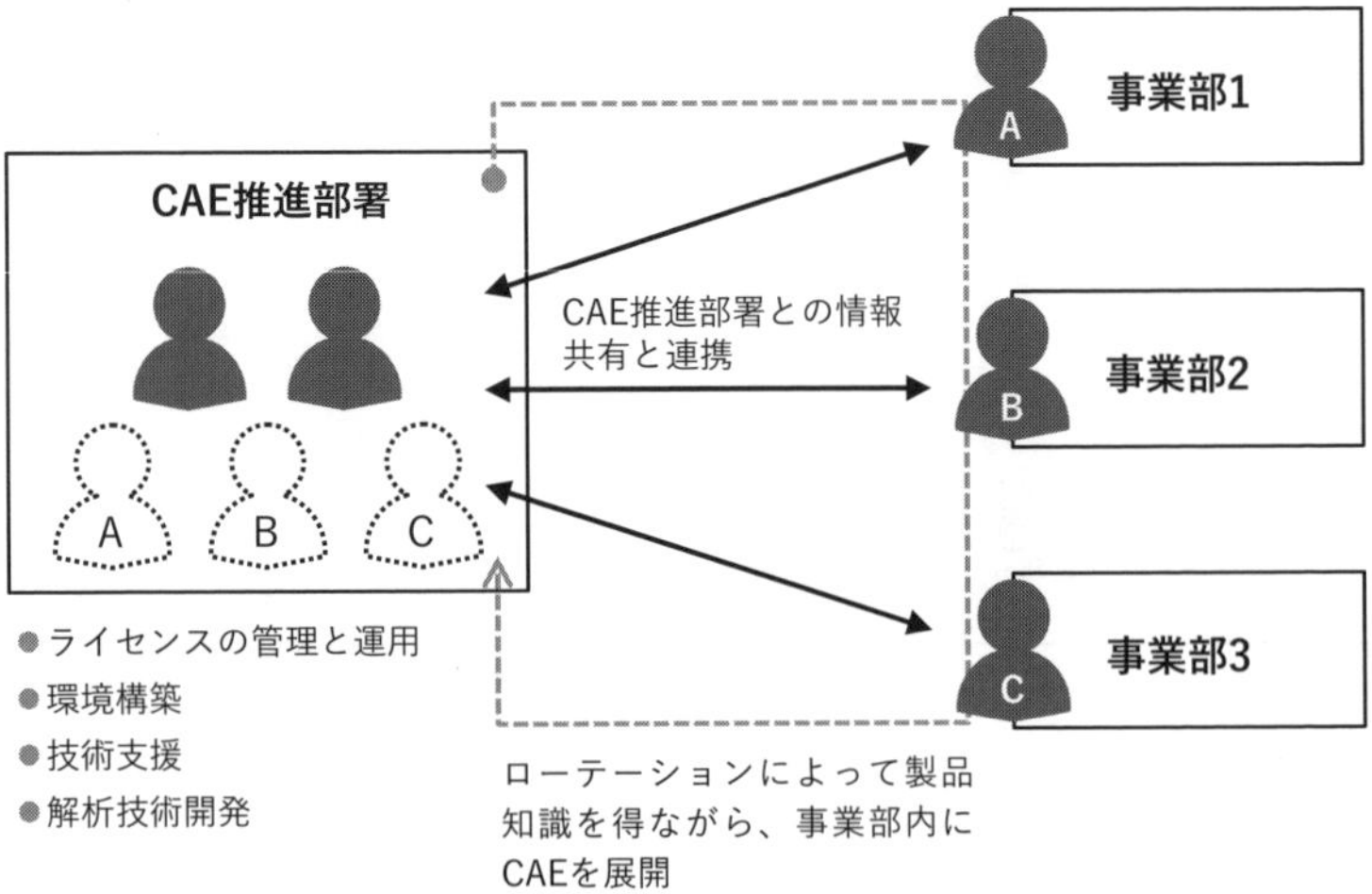

図8・5　CAE部署の組織編成

実験との整合性を加味した解析技術を模索し構築する。解析技術の他にもデータ管理など最新のシミュレーション環境の考案、設計、構築を行う。

以上のような役割を持つCAE推進部署が一極集中的、全社横断的に全事業部のCAEに対応するのが標準的な解析専任部署の在り方だ。CAE推進部署の活動により、各事業部でCAEを行う機運が高まっても、CAE推進部署には各事業部のすべての要求に応えるだけの十分な人員が配備されておらず、事業部への対応が不十分となり、CAEへの期待と機運が消える。

また解析専任者は、CAEや計算力学の知見は十分ではあるが、製品の知識が不十分な場合がある。この場合、事業部からの解析のサポート依頼があっても、専任者と設計者の視点が異なるため、相互理解が不十分となり、設計には役立たない解析を行ってしまう。

ＣＡＥを活用している企業では、各事業部にＣＡＥがある程度わかる解析中級者を配置している。もしくは事業部からＣＡＥに詳しい人材が育ち解析中級者になっている。彼らの強みは、十分な製品知識を持っていることだ。それに加えて、ＣＡＥに対する知識もある。よほど難易度の高い解析以外は、ＣＡＥ推進部門のサポートなしで対応することができる。設計課題に対してＣＡＥを使うべきかどうか、使うのならどのソフトウェアのどの手法が良いのか、ＣＡＥ推進部門の解析上級者に依頼すべきなのか、などの切り分けも早い（**図8・5**）。

ＣＡＥ推進部署の人員を、社内出向的に各事業部に配属させる例もある。解析専任者は事業部と深く関わることによって製品の知識を身につける。そしてＣＡＥ推進部門に戻る。ＣＡＥ推進部門、各事業部で人員をローテーションするのだ。各事業部に配置されたＣＡＥ推進部署の人員は帰属部署の解析専任者に気軽に相談できる。これを繰り返すうちにＣＡＥ推進部門は各事業部の製品知識を持つ集団となり、事業部からの相談にも適確に応えられるようになる。

このような編成をとることにより、設計プロセスのＣＡＥは浸透し、ＣＡＥを設計に十分活用することができる。「一極集中より分散配置」はＣＡＥ推進部署運営の重要なキーワードである。

第九章

CAEの最大活用、データドリブン型のCAEに向けて

最終章では、設計のためのCAEの方向性について述べる。DX（デジタルトランスフォーメーション）時代を迎え、製造業だけではなく世の中のさまざまな状況が変化している。その変化は安定することなく動的に変化している。CAEもそれに追従して活用形態を変えていくことが必要だ。新しいハードウェア、新しいIT技術、新しいインターネット・サービスとCAEを融合して、設計に活用していくことがヒントになる。

「九・一　CAEデータ管理の重要性を知る」

PDMシステムによるCAEデータの管理

多くの会社で3DCADは普及し、3Dデータが日々、量産されている。CADデータは形状情報である。形状があれば、寸法、重量、表面積、体積、慣性モーメントなど、形状にもとづくさまざまな情報を得ることができる。もちろんその重要性は高く、「PDM」と呼ばれる製品データ管理システムに格納され管理される。ファイルのフォルダー管理という手法もあるが、3次元データは相互依存性が強く、フォルダーによる管理は破綻しやすい。そこでCADデータ管理ツールであるPDMの活用となる。

PDM（Product Data Management）とは、設計工程で発生するCADやBOM（部品表）など

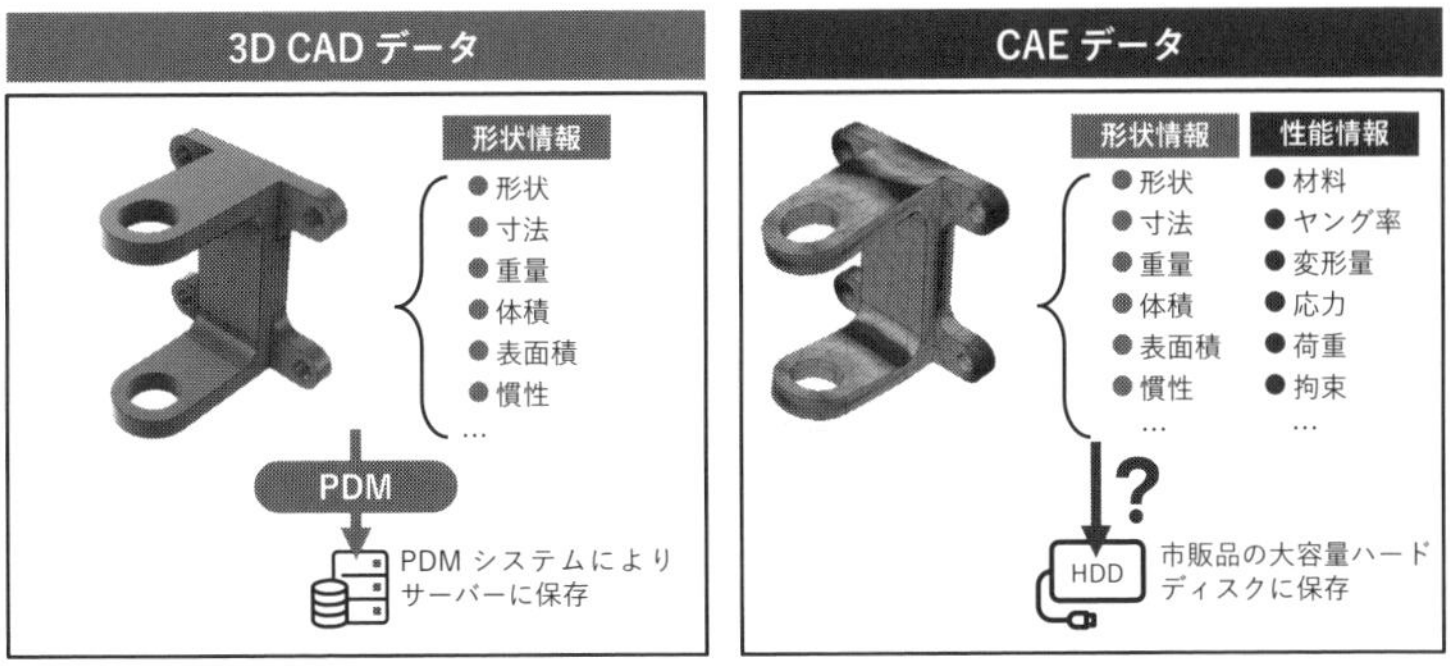

図9・1　3D CADデータとCAEデータ

のデータを管理するシステムである。部門間での連携や情報共有が可能だ。設計データの連携や情報共有がＰＤＭの本来の力の見せどころであるが、筆者の現場感覚では、ＰＤＭを単なるデータの保管庫として使用しており、他部門との情報共有のコアとして使っている例は少ない。

ＰＤＭシステムの導入はそれなりに高額だ。ＣＡＤデータを管理するためにそれなりのコストをかけているということだ。

ＣＡＤデータとＣＡＥデータの情報の内容を比較する（図9・1）。

ＣＡＥデータはどうであろうか。ＣＡＥデータが整然と整理、管理されている事例は極めて少ない。それはＣＡＥの使い方そのものに起因する。現在、ＣＡＥは特定の目的のため、その場限りで使われることが多い。設計途中の部品の強度確認、試作実験前の最終確認など限定的だ。よって法的規制、客先の要求などがない限り、ＣＡＥデータは捨て去られるか、退蔵される。それらのデータが再利用されることはほとんどない。気休めとしての保存だ。粗末に扱われるデータの機密度は自ずと低くなる。CAEデータには形状情報に合わせて、材料、荷重、拘束、変形量、応力、振動数などの性能情報が含まれている。CAEデータにも強固なセキュリティが必要となる。CAEデータにもCADデータと同様に管理コストをかけるべきだ。

CADが急速に設計現場に拡がった理由は、データの再利用が可能であるからだ。まったくの新規設計の場合を除いて、設計は同機種の設計データをコピーして、それをベースとして設計をスタートする。CAEを設計に活用できるようにするためには、同機種の解析データをコピーできなければならない。その解析データの形状データを設計仕掛かり中の形状に入れ換えれば素早く解析ができる。解析データをコピーするためには、検索して閲覧できなければならない。そのためにはCAEに関するデータを管理していなければならないということだ。

捨て去られるか、死蔵・退蔵されたCAEデータには何の価値もない。蓄積もされない、管理もされないデータは参照のしようがない。CAEデータの管理に関心がないのは、CAEはある設計段階での一時的な検証の道具であり、設計のエビデンスとしての価値はないと判断しているからだ。

PDMシステムでCAEデータを管理するという発想がある。解析の内容にもよるが、CAEデータはCADデータよりも格段に大きい。PDMは主に設計データを管理するものなので、スピードが大切だ。そこに膨大なCAEデータを紐付けるにはPDMの負担が大きい。データ管理という視点では、CADデータもCAEデータも同じデータなのでPDMで管理できそうなものだ。これを試みた企業の例があるが、CADデータとCAEデータの本質的な属性の違い、ファイル同士の参照性、履歴管理の概念などが根本的に異なり、PDMシステムでCAEデータを管理することを断念した。

SPDMの登場と導入に躊躇する日本企業

第一部で解説してきた通り、欧州ではCAEデータの重要性と利用価値を早くから認識しており、CAEデータを管理するための定義と製品が2000年から登場している。NAFEMS（National Agency for Finite Element Methods and Standards）というCAEを利用するための情報や場を提供できる中立的かつ国際的な工学・設計・解析のための組織がある。その組織がSPDM（Simulation Process and Data Management）という考え方と技術を定義した。SPDMとは、先端産業に関わる企業組織によって開発された技術で、設計された製品の性能や寿命を予測するために、検証過程で使用したデータや最終的に採用された結果をデジタルスレッド（追跡可能な一連のデータ）として構築、整備する手法である。

各社からSPDM製品が提供されているが、欧米ほどCAEデータとCAE関係者の重要性が認識されていない日本では、SPDMの導入に関しては以下のような理由により非常に消極的だ。

- 「データ管理」という言葉やイメージそのものが、消極的な投資と捉えられがちなもの。特に「管理」という言葉は、即効性のあるポジティブな戦略として認識されにくい
- 現状でなんとかなっているので、投資してまで「管理」する必要はない、という固定観念があ

る。「管理」することによって生じる効率化が測りにくい。よって予算を上申しにくい

- 投資する費用に対して、導入効果が不透明。予算を上申するための根拠を明確にしにくい。「管理」は一種の強制なので、現場の反響に対する強迫観念が拭えない。導入の障壁とトレードオフできるだけの効果が明確でない
- 初期導入のライセンス数の最低本数が決まっており、使用を想定する人数がそれを下回る。結果として、導入が高額となる。不必要な機能がある

CAEデータは製品の「保証書」のようなものである。CADデータは形状の仮想情報であり、CAEデータは性能の仮想情報だ。それに制御情報、この三つが相まって、初めてデータの「製品価値」が生じる。AI技術のCAEへの応用が始まった。その主役はAIに喰わせるデータだ。AIによるデータドリブン（駆動）型のCAEなどを見据えた場合、CAEデータの管理価値はますます高くなる。CAEデータ管理方法の議論を始め、CAEデータを保存し、可視化し、検索できるシステムを構築することは急務である。

九・二　CAEデータ管理のはじめの一歩

SPDMの導入に踏み切れない理由は上に示した通りだ。SPDMのようなツールの導入には上層部の説得はもちろん、現場の納得も必要である。トップダウン、ボトムアップ双方からの板挟み状態

だ。このようなツールの導入には、会社の風土や慣習を変えていく必要がある。それには時間がかかる。その間にも欧米のモノづくりのデジタル化は進み、日本はさらに遅れをとることになる。

筆者からの提案としては、小規模でいいのでCAEデータ管理を始めてみることだ。解析専任者のグループ内だけでCAEデータの管理を進めることが望ましい。小さなグループで、小さな規模で、少ない投資で、とにかくCAEデータの管理を始めてみることだ。データ管理のための基本的なフレームワークを用意し、データを登録しながら微調整すれば良い。解析データをハードディスクにコピーしておくことは単なる気休めであり、活用の機会はほとんどない。そこに小さな仕掛けを作ることによって、解析データは本来の意味を持ち始める。やがて本格的なSPDMに移行するとしても、解析データの検索と抽出ができるだけでも移行はラクになる。

筆者が現在実践している解析データの管理を紹介する。現在、クラウドで稼働している。いくつかの製品とインターネット・サービスを使うが、製品名とサービス名はここでは明記しない。同種のサービスでも代替可能なので機能から選択してほしい。

CAEデータの管理は次の三本柱からなる（**図9・2**）。

①保存のための形式化

データを保存するためには形式化が必要だ。形式化とはデータベースのことだ。今では無料で利用できるデータベースはいくらでもある。そのデータベースを使えば費用はかからない。解析結果はこのデータベースに保存する。さらに解析データに関連づけて、CADファイル、報告書、図面、参考

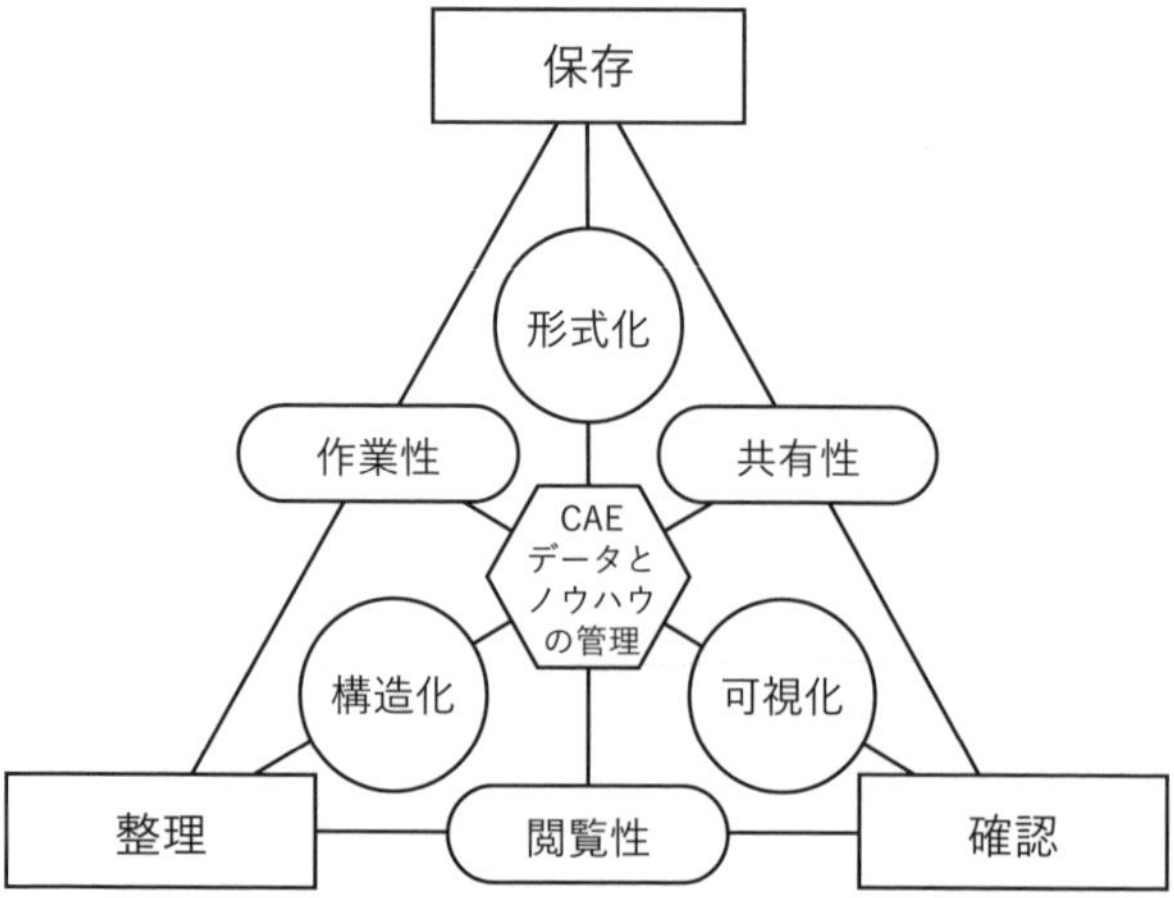

図9・2　CAEデータとノウハウの管理

資料などのデジタル・データを保存することができる。

②整理のための構造化

構造化については、解析データへのリンクURLがデータベースのインデックスとなるようなサービスを利用している（**図9・3**）。一つの解析データが一つのレポートWebページとなる。そこには、解析対象の製品名、型番、ユニット名、部品名、部品番号などの製品情報、解析に使用したソフトウェア名、バージョン、解析実施者、解析の種類などの解析情報がある。これらの情報の一部は入力ダイアログによりユーザーが書き込み、一部の情報は解析データから自動的に書き込まれる。データベース内の解析データへのリンク情報もある。サムネイルとなる代表的な解析結果図も解析データから自動的に取り込まれる。製品情報、解析情報の各項目はすべてハッシュタグ化されており、自動的にリンクを作成する。この自動リンクがノウハ

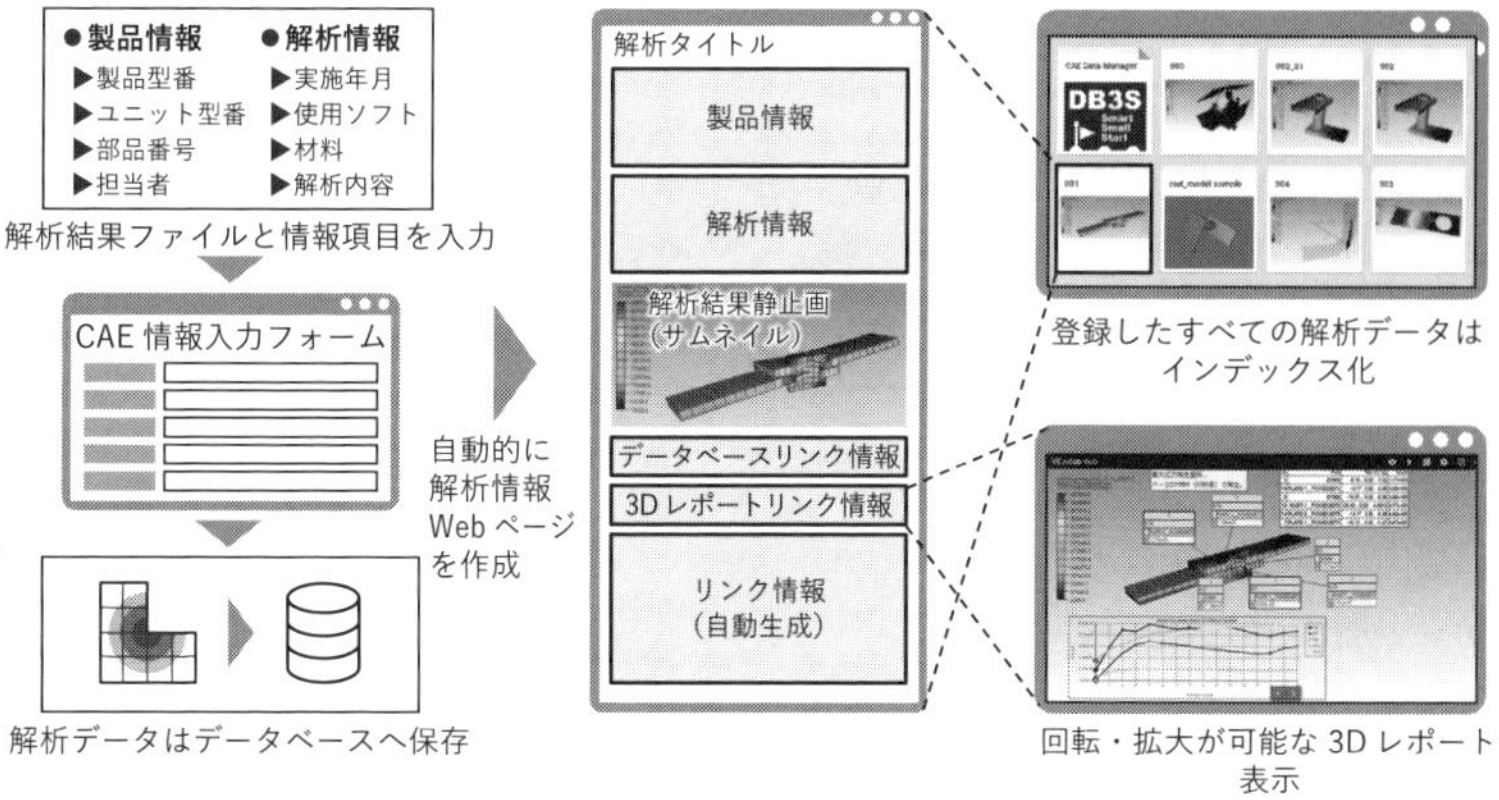

図9・3　CAEデータ管理システムの一例

ウの共有を可能にする。多数の解析データがある場合、例えば、製品名をクリックすればその製品に関わる解析の一覧が閲覧できる。各ページにはメモのように解析のノウハウなどをテキスト記入できる。各ページを印刷するだけで簡易的な解析レポートとして使用できる。

③確認のための可視化

サムネイルとして用いられる解析結果図だけでは結果の詳細を把握できない。解析結果を回転したり拡大したりして解析結果を確認しようとすると、解析ソフトウェアを起動してデータを読み込む必要がある。解析データのダウンロードを含めるとかなりの手間と時間が必要になる。解析結果を簡単に閲覧できなければ、データの活用は進まない。解析結果を迅速に可視化する方法が必要となる。大容量の解析結果データを軽量化する技術があり製品化されている。圧縮したデータに、回転、拡大、アニメーションなどのビューワー機能を組み込んで一つのＨＴＭＬにしてくれる。ＨＴＭＬなのでブラウザで動的な閲覧が可能だ。

この三つのポイントがバランス良く成り立つことによって、閲覧性、共有性、作業性がアップすることになる。

九・三　新しい自動化の形態、カプセルCAE

詳細設計時のCAEの自動化は、設計プロセスでCAEを活用するためのキーであることは上に述べた。自動化を加速する新しい自動化の形態であるCAEのカプセル化について紹介する。

カプセルとは「小箱」を意味するラテン語に由来する小さな容器のことだ。クスリのカプセル錠は症状にピンポイントで効く。それと同じコンセプトをCAEに適用したのがカプセルCAEだ。適用領域の制限はあるが、誰もが簡単に使えることを目的としている。

カプセルCAEの特徴

カプセルCAEはCAEの自動化の新しい形態である。先に紹介した一般的な自動化とは異なるものだ（**図9・4**）。

一般的な自動化は、マクロによるソフトウェアの自動操作である。よって実際にCAEソフトウェアを実行する。そのためにはライセンスが必要となる。

設計プロセスでCAEを気軽に手軽に使うためには、ライセンスが多数必要となる。CAEソフト

自動化の手段	特徴	主要技術
基本的な自動化	●実際にソフトウェアを使うのでライセンスが必要 ●実際に解析を行うので解析の実時間が必要	オーダーメイドダイアログ
		ウィザード
		EXCEL連携
カプセルCAE	●ソフトウェアを使わないのでライセンスが不要 ●解析を行わないので高速	応答曲面
		モデル低次元化
		サロゲートAI

図9・4　自動化の手段、カプセルCAE

ウェアのライセンス料はそれほど安くはない。設計者が気軽にＣＡＥを使うためのライセンス数を準備するのはナンセンスだ。設計プロセスでＣＡＥを使おうとすると多数のライセンスが必要になる。汎用ソフトウェアのライセンス料はそのような用途に適したビジネスモデルになっていない。ライセンスを使用できる人数が限られる。よって自動化の流れが解析専任者の解析作業を自動化する方向になってしまう。この流れを設計のための自動化に向けるためには、このライセンスに関する課題を解決しなければならない。

カプセルＣＡＥはこの課題を乗り越える一つの方法だ。これまでのＣＡＥは自らソフトウェアを操作するが、カプセルＣＡＥは使い慣れたＥＸＣＥＬやブラウザをインターフェースとしている。ＣＡＥソフトウェアを使うためには、設計に加えて有限要素法の知識が必要だが、カプセルＣＡＥでは計算力学や有限要素法に関する知識は一切必要としない。ＣＡＥソフトウェアを使う方法では、計算の実時間が必要なだけでなく、操作を習得しデータを作成するための膨大なリードタイムが必要となるが、カプセルCAEはソルバーを使わないので、答えを得るまでの時間はほとんどゼロだ。

カプセルCAEの弱点は、その名前が表している。機能が限定的ということだ。CAEソフトウェアを使う場合は、必要に応じて難易度の高い解析ができるが、カプセルCAEはCAEの汎用性とのトレードオフで簡単さを優先している。

カプセルCAEの最大の特徴は、稼働時には、実際にソフトウェアを使った解析を実行しないのでCAEソフトウェアのライセンスが必要ないということだ。カプセルCAEを作成する際には大量の解析を必要とするが、カプセルCAE実行時には解析を実行しない。設計部署内で全員に展開することができる。

また、カプセルCAEの入出力のプロトコルを明確にすることによって、システムシミュレーションの機能の一部として動作する可能性も持っている。

カプセルCAEの成分

カプセルCAEの成分は次の三つから成る。もちろんこの他にも成分となり得るものはある。各技術は、対象となる製品、解析の種類などによって多数の手法があり、それぞれ異なるので、詳細は割愛する。

①応答曲面

設計空間内において、寸法などの入力パラメーターに対して、変形量などの応答がどのような関係にあるかをグラフなどで表したものが応答曲面である。設計空間内であれば、値を入力すれば応答曲面を参照してすぐに答えを得ることができる。

②モデル低次元化

応答曲面は静的なモデル低次元化の一つである。それを拡張し、CAEや実験で得られた入力と出力の関係を近似式で表したり、AIの学習を使ってサロゲート（代理）モデルとして表すことによって、モデルを数式で扱う。

③サロゲートAI

サロゲートとは「代理」の意味で、CAEソルバーの代わりにAIで解析結果を予測する技術を指す。多数のモデルを解析し、それらの入力と出力をAIに学習させサロゲートモデルを作る。そのサロゲートモデルに入力パラメーターを与えると瞬時に結果を得られる。サロゲートモデルの作り方によって、非線形や時刻歴にも対応できる。

この3種類がカプセルCAEの主要成分である。カプセルCAEのすべてをこの成分で構成する必要はない。EXCELに数式を組み込んだだけでも設計の課題を解決できるのであれば、それはカプセルCAEだ。

特に、CAE特化型のサロゲートAI技術の進展が目覚ましい。筆者の知るだけで、数社で概念実証が始まっており、落下・衝撃などの高度な解析にもサロゲートAIが有効であることが実証されつつある。ＣＡＥにおけるＡＩの活用は始まったばかりだ。

やがてこの技術も成熟するだろう。しかし成熟してからその技術を使い始めるのでは遅い。他社も同じ技術を使うことができるからだ。ＡＩは今後、大きな進歩が予想される分野である。ＣＡＥに限らず、自社の設計製造プロセスにＡＩがどのように利用できるか、業界動向に注目しておく必要がある。

九・四　逆算のＣＡＥ

ＣＡＥが設計プロセスの一部として根付かないのは、設計者と解析専任者でＣＡＥに対する期待と位置付けが異なるからだ。設計者は常にＱ（Ｑｕａｌｉｔｙ：品質）、Ｃ（Ｃｏｓｔ：コスト）、Ｄ（Ｄｅｌｉｖｅｒｙ：納期）を意識して、そのためのＣＡＥを期待している。一方で解析専任者は、設計で必要とされる高度な解析の精度を上げることを目的としている。設計者と解析専任者のこの認識の差異が、ＣＡＥが一時的な検証ツールから設計に必要なツールへ変貌できない根拠だ。この差異を最小にするために逆算のＣＡＥを提案する。

逆算のＣＡＥを実行するためには、三つの変更が必要となる。

- ＣＡＥの視点の変更が必要になる。これまではソフトウェアの操作を設計者に教えて、設計者自身が解析を行っていた。この方法では多くの場合、設計者ができる解析は単一部品、線形解析に

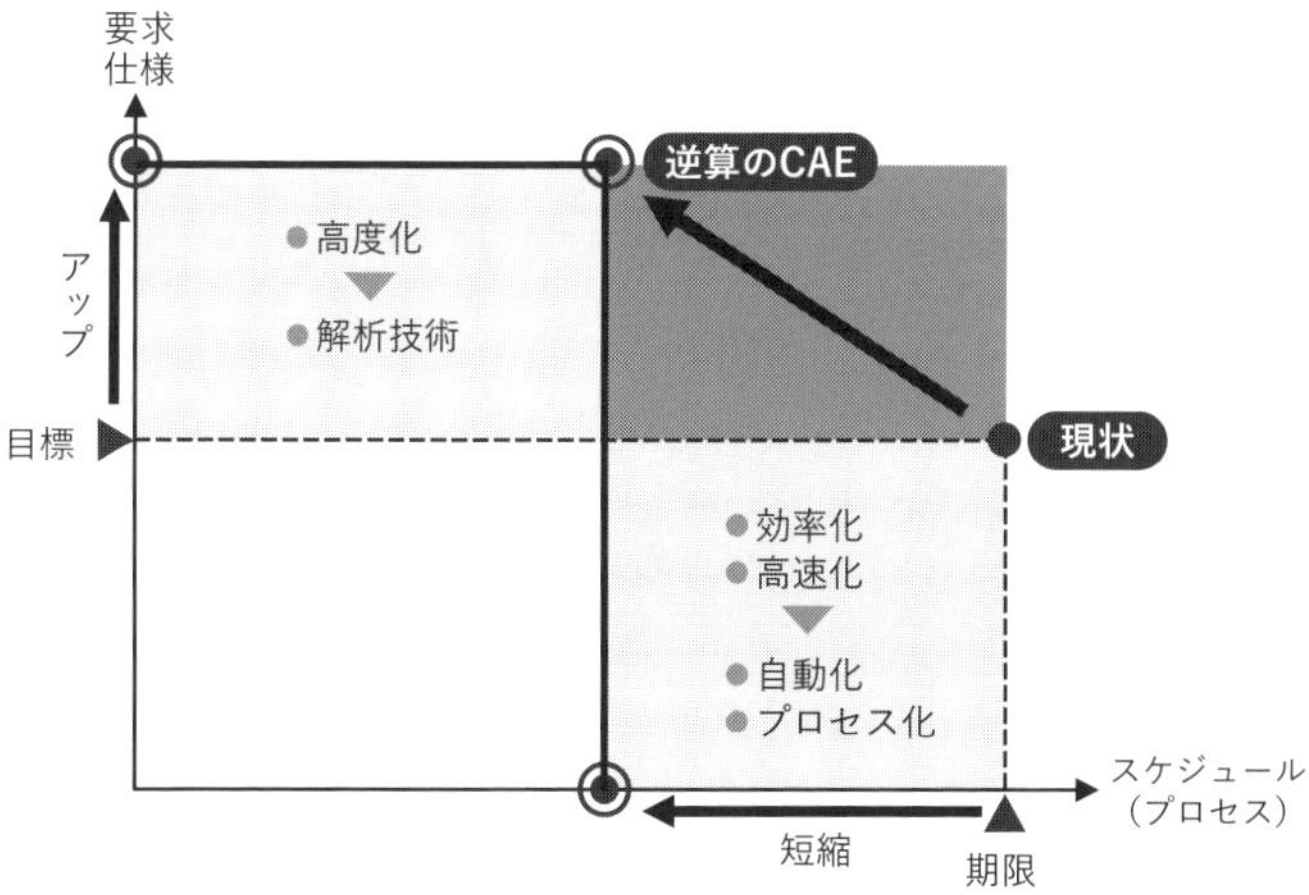

図9・5　逆算のCAE

限定される。一方で製品の複雑化に伴う解析の高度化によって、設計者が行える解析内容を逸脱する解析が多くなる。そして解析専任者に依存することになる。設計者にCAEをやらせる、という視点から、設計に必要なCAEを提供する、という視点に変更する必要がある

- CAEの利用形態の変更が必要になる。解析専任者への依頼やサポートが必要になる利用形態から、設計者が自己完結できる自立型の利用形態に変更する。設計者はCAEを活用でき、解析専任者は解析技術の構築に時間を取ることができる
- CAEの目的の変更が必要になる。CAEで何が解けるかではなく、解析の難易度は関係なく設計に必要なCAEは何か、に目的が変更になる。難易度に関係がない、というのがポイントである。設計に必要な計算が、CAEを必要とせず、手計算可能な公式を組み込んだEXCELでもかまわ

ない。これも設計に必要なCAEだ

設計目標を二軸で表現すると、決められた期限までに、決められた性能目標を達成する、ということになる（図9・5）。

横軸である期限に注目する。そこにはフェーズごとに期限がある。それは出図期限、号口期限、試作期限などである。この期限はよほどのことがない限り厳守しなければならない最優先事項だ。設計者は常にQCDを意識しなければならない。設計が必要としている解析を行うためには、設計者自身が行おうとすると解析の難易度が高く、難易度に比例して日数も必要となるため、解析専任者に丸投げ依頼することになる。期限内に収める、または期限を短縮するためには、効率化と高速化がキーワードになる。そのためには、CAEの自動化によりCAEの活用を促進し業務プロセスの改善が必要だ。設計に使えるレベルの解析結果をタイムリーに得るための自動化とプロセス化を意識することだ。

縦軸である目標に注目する。目標である要求仕様は、製品の複雑化、要求の高度化によって高くなる傾向にある。設計目標値も期限と同様に厳守しなければならない事項だ。要求仕様に対して目標値を近付ける、または目標値を超えるためには、CAEの高度化が必要だ。そのためには目標値アップに特化した解析技術を開発する必要がある。解析技術の開発と構築は解析専任者が担当することになる。解析技術の構築は、設計の役に立つこと、設計プロセスへの展開を意識したものでなければならない。よって解析専任者は、設計プロセスや設計者の困りごとを知らなければならない。解析専任者の役割は、汎用ソフトウェアでどのような計算ができるか知ることではなく、計算の精度を上げることでもない。設計者が必要とする解析を、設計者が納得する精度を担保して、解析技術を提供することだ。

流用設計は、設計期間を短縮したり、品質を確保するためにすでに性能が保証された製品の設計データを流用する設計技法だ。既存の部品や製品をベースとするので設計開発コストが低く抑えられる。業種にもよるが、流用設計が主流でそれが利益のかなりの割合を占める場合もある。期限と目標を達成するだけでなく、さらに期間を短縮し、かつ設計目標値を越えた設計ができれば、さらなるコスト削減ができる。〝カイゼン〟の精神だ。

設計プロセスの各フェーズで、設計期間と設計目標値は明確に存在する。そのゴールを達成するために必要な解析技術を開発し、設計者が使用できる環境を構築するためには、逆算して必要なCAEと設計プロセスを考える必要がある。これが「逆算のCAE」である。

逆算のCAEを実施していくためには、解析専任者の幅広い知見に加え、設計者の協力が不可欠となる。「設計に必要なCAE」を知ることはそれほど簡単ではない。設計者はどんな課題がCAEで解決できるのかわからないからだ。設計に必要なCAEを明確に洗い出すには、解析専任者が歩み寄らねばならない。第七章四項で述べた課題の明確化などの手法を使って、CAEによる設計の効率化と高度化が逆算のCAEの主たる業務なので、解析専任者が設計プロセスを理解した方が、設計者がCAEを理解するより効率的だ。

九・五　CAEの過去・現在・未来

第二部のまとめとして、設計におけるCAEの過去を振り返るとともに、現在の位置を確認し、そして未来を予測する。これからCAEを導入する組織にとっても有用な情報である。

CAEが設計現場に登場して久しい。設計にCAEを活用しようと多数の先人が試行錯誤して作り上げた経験的資産を使えるようになった。CAEの習得については、書籍、eラーニング、Webサイト、各種コンソーシアムなどが多数存在する。ソフトウェアもフリーもしくは低価格のものがある。最小の投資と時間で、CAEを設計に活用できる環境が用意されている。CAEの過去・現在・未来は、CAE活用のロードマップそのものだ。CAE導入の参考にされたい（図9・6）。

なお過去・現在・未来は時間の流れを示したもので、「過去だから遅れている」というわけではない。

①過去─導入：CAEの文化づくり

設計にとってCAE導入は一種のイノベーションだ。イノベーションはまず否定されるところから始まる。CAEの導入にはそれなりの投資が必要だ。予算化に向けて、CAEの導入効果を現場に示し、投資効果を上層部に示し説得したり、導入するソフトウェアを選択したりで解析専任者は多忙である。ソフトウェア導入の主幹となった解析専任者には、上司からのプレッシャーと責任が重くのし

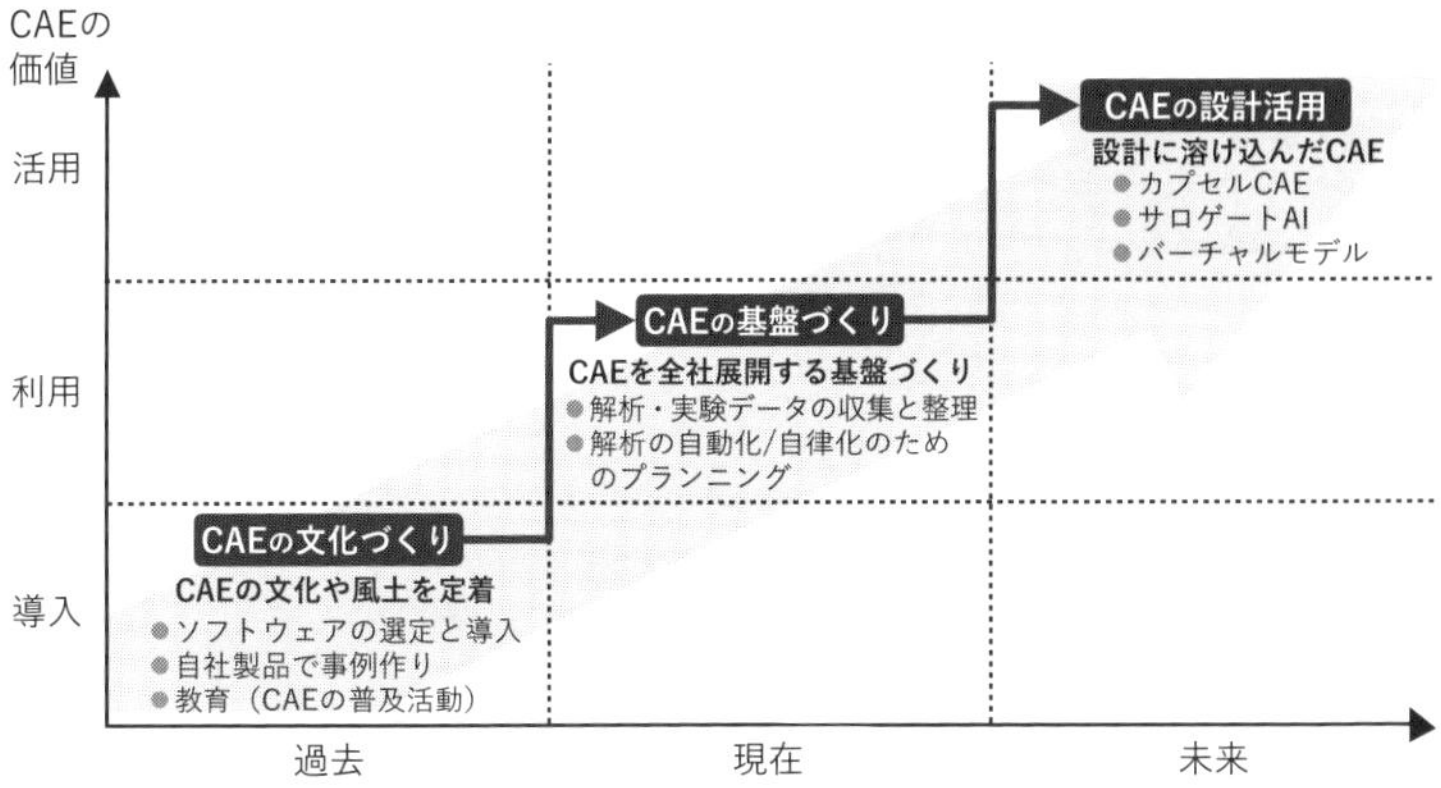

図9・6　CAEの過去・現在・未来

かかる。

ソフトウェアが導入されると、自社製品で事例を作って設計に紹介したり、ソフトウェアのユーザー会に出席して事例や情報を得たり、解析専任者の多忙は続く。さらにCAEを普及させるための教育資料作り、講習会の実施などを行う。

このような活動の積み重ねがCAEの文化の基礎を築くことになる。解析専任者の努力なくしてCAEの文化をつくることはできない。

②現在—利用：CAEの基盤づくり

将来のCAEの行方を決めるのが、このフェーズだ。ここで停滞している企業は少なくない。第二部の中で何度か述べてきた通り、設計者にCAEを教育して自身に解析業務を行ってもらい、何か問題点があれば解析専任者がサポートするという形態が一般的になっている。これまではそれで何とかできた。ところが製品が複雑化し要求仕様が高くなってくると、設計課題の解決や検証のために必要となるＣＡＥの難易度は上がり、設計者の手に負えなくなる。そして解析専任者が対応することになる。このままの形態を続けると、ＣＡＥは一時的な検証ツールとしての利用にとどまり、解析専任者の設計者対応の時間は増え続ける。新しい解析技術の開発どころではなくなる。

現在のこのＣＡＥの在り方を起点として、どの方向に進むかが大きな分岐点だ。従来の方法の延長線上でＣＡＥが設計に十分活用できる方法を模索するのか、ＣＡＥを設計プロセスに組み込むべくＣＡＥの自動化・自律化の準備をするのか。まさに分水嶺《ぶんすいれい》と言える。ここでの決定が、ＣＡＥを利用するだけに止めるのか、活用の領域まで展開するのかを左右する。

特にＣＡＥデータの管理は重要だ。ＣＡＤが急速に普及したのは、データが参照、複製できるからだ。保存されていなければ参照のしようがない。将来の方向性が決まらなくても、ＣＡＥデータの管理だけは進めるべきである。

③未来―活用：ＣＡＥの設計活用

近未来の目標として、設計に溶け込んだＣＡＥを目指す。設計者がＣＡＥを使っていることすらわからないようになってこそＣＡＥの活用と言える。ＣＡＥのステルス化だ。もちろん設計者がＣＡＥと真摯に向き合い、習得し、使いこなせるようになるのが一番である。ＣＡＥの長所と短所を認識し、設計課題に的確に対応できる人材が育つ。しかしながら、モノづくりのスピード感がそれを許してくれないのだ。限られた設計の時間から何を削るか―。ＣＡＥに関わる作業を削るしかない。そのために必要なのが、自動化であり、カプセルＣＡＥであり、サロゲートＡＩなのだ。

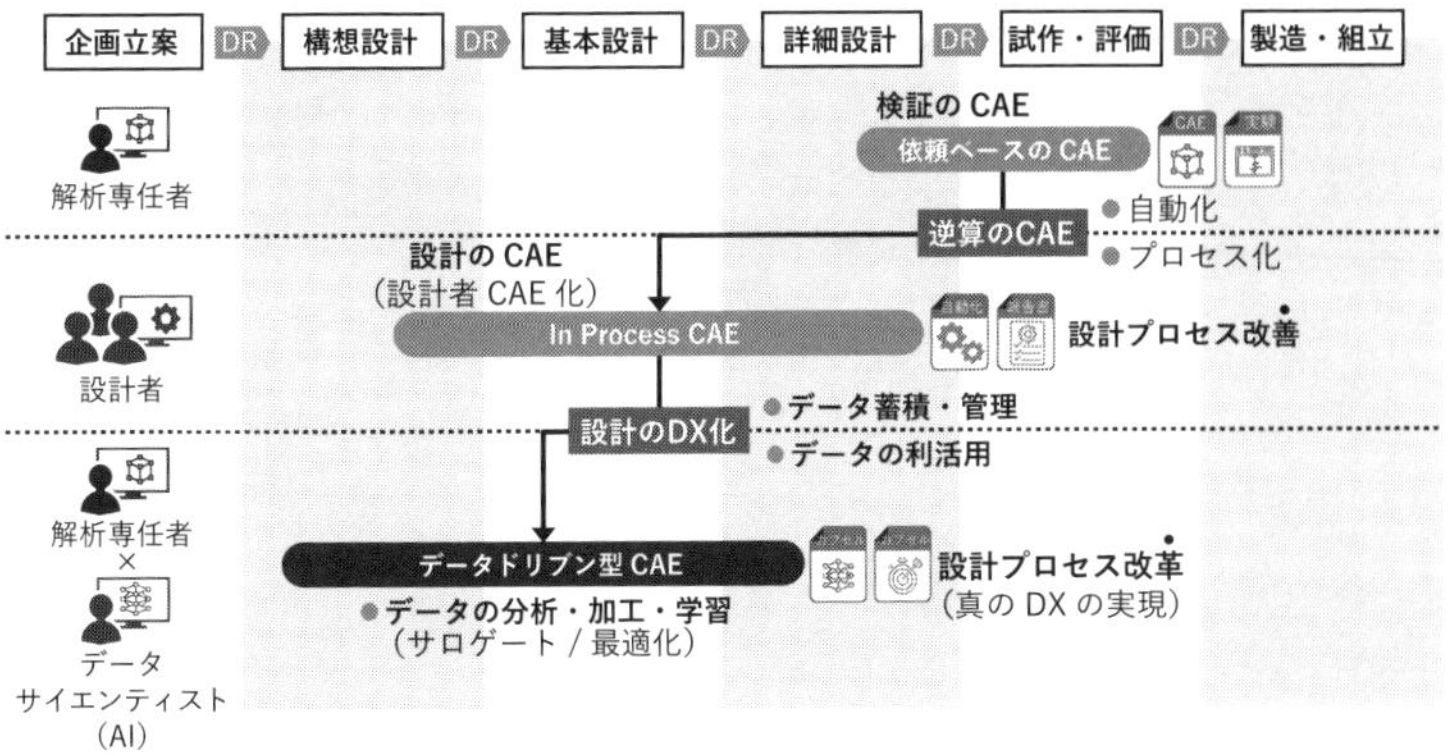

図9・7　データドリブン型CAEに向けて

データドリブン型CAEに向けて

第二部で述べたことはすべてデータドリブン型CAEに行き着く（**図9・7**）。解析専任者の視点で流れを見てみよう。

解析専任者は、依頼ベースのCAEを行っている。これは一時的な検証のためのCAEである。そこから設計の期限と設計目標をクリアするための「逆算のCAE」を適用する。それはCAEの自動化、プロセス化という形になって表れる。これにより設計者の「In Process CAE」が加速する。ここで得られたノウハウや解析データを蓄積・管理し、設計のDX化のために、サロゲートAIなどでカプセルCAE化する。CAEのノウハウとデータが蓄積すればするほど、データドリブン型CAEのコアは賢くなっていく。

欧米ではすでに実施されているフレームワークに、日本人ならではの「モノづくり」に対する細やかな心配りと匠の技を加えれば、トップクラスのバーチャルエンジニアリング（VE）が実現するであろう。

AIという大波とCAE

有限要素法の基礎技術は約70年前に確立された。ソフトウェア・ベンダーの努力によって、機能アップが重ねられ、さまざまな現象を数値解析的に解けるようになった。このまま進化を続ける数値解析ソフトウェアはこれまで揺るぐことない地位を築いている。解析ソフトウェアはイノベーションが起こりにくい。長年使われれば使われるほど、バグが枯れているからだ。このCAEソフトウェアの歴史を飲み込もうとしているのがAI技術だ。

まずは以下の図を見ていただきたい。最近注目されているChatGPTへの質問と回答だ。

AK　CAEを有効に活用するためには、どうしたらいいですか？

CAE（Computer-Aided Engineering）を有効に活用するには以下のような方法があります。

1. 適切なソフトウェアの選択：CAEツールには、様々な種類があります。プロジェクトの要件に合ったソフトウェアを選択することが重要です。
2. 正確な入力データ：CAEシミュレーションの結果は、入力データの正確さに大きく左右されます。正確な入力データを作成することが重要です。
3. 解析条件の適切な設定：CAEシミュレーションの結果は、解析条件によっても左右されます。解析条件を適切に設定することが重要です。
4. 結果の評価：CAEシミュレーションの結果を正確に評価することが重要です。結果を正確に評価するためには、実際の動作や試験結果と比較することが有効です。

これらを踏まえて、CAEを有効に活用することができます。

ChatGPTとのやりとり

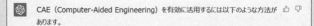

著者は一切手を加えていない。ＣＡＥというある程度専門的な分野の質問に対して、かなり的を射た回答をしている。ＡＩの技術は日進月歩で、ＡＩそのものを構築する技術とともに、ＡＩを使いこなす技術も進みつつある。ＡＩに与える質問の言葉の選び方によって、ＡＩの回答が左右される。より有効な回答を得る質問を与えることができる「プロンプト・エンジニアリング」という分野もある。

ＣｈａｔＧＰＴは言語ベースＡＩであるが、３Ｄ形状と解析結果を学習させる製品もすでに存在する。これまで何十時間もかかっていた計算も、このＡＩを用いれば待ち時間ゼロで瞬時に終わる。

ＡＩ技術はまだ未知数だ。この大きな波は間違いなくＣＡＥの分野にも到達する。ＡＩの出力した解析結果をどう担保するかの研究も行われつつある。ただし、ＡＩには学習するためのデータが絶対的に必要だ。そのデータを紡ぎ出すのは、伝統的なＣＡＥソフトウェアなのだ。

第一部と第二部を書き終えて

従来、モノづくりビジネスは、サプライチェーンの中でリアルなモノである製品モジュール、部品が行き来し、その対価としてお金が支払われる。このビジネスモデルの中に、デジタルで表現されるバーチャルモデルがデジタル商品として加わることになった。また、デジタルで形状、機能を表現することが可能となり、ＯＥＭとサプライヤー、サプライヤー同士が、バーチャル空間での設計協業、技術協創を行うことができるようになった。このことは、サプライチェーンとは別に従来のエンジニアリングチェーンの中でＯＥＭとサプライヤー、サプライヤー同士が商品を開発するビジネスが動き出したことになる。ある意味、新たなビジネスマーケットが創出されたと言えよう。

これらが可能となった理由は再三、記述したように「形状のデジタル化」「機能パフォーマンスのデジタル化」「制御のデジタル化」が可能となり、リアルなモノを扱わなくともデジタルで技術的な協業ができるようになったからである。そのため、エンジニアリングチェーンでのビジネスマーケットが大きく動き出したのだろう。

このエンジニアリングチェーンの新たなビジネスモデルの紹介は、10年ほど前に「ネットワークを使った新しいモノづくり」という謳《うた》い文句で登場し、発表されたドイツのインダストリー4・0からであったと筆者は考えている。

このエンジニアリングチェーンでの新たなビジネスモデルの中でもコアになっているのが、原理原則の理論的表現の「機能パフォーマンスのデジタル化」といえる。これはＣＡＥ技術の進化と普及による結果であるが、そのＣＡＥ技術は半世紀以上前から市場に登場し、歴史は長い。その中で、日本のＣＡＥ技術は早い段階から世界をリードしており、その技術内容も、例えば、プレス解析技術などは、現在の汎用ソフトウェアにも影響を与えるオリジナル技術でもある。そのような日本のＣＡＥは、20世紀中は高い技術力を誇っていた。

３Ｄ設計が始まり、ＣＡＥ活用の目的が解析を中心に考える日本に対して、欧米を中心にＣＡＥを用いて設計仕様の熟成を行うことが新たな活用方法の一つとなった。それと同時に、製品の持つパフォーマンスに原理原則の理論的表現としてＣＡＥを活用する動きが始まったように思われる。その例として、２００１年にはリアルなモジュールで行われていた認証制度にバーチャルテスト、すなわちＣＡＥ技術での可能性を探るプロジェクトが始まる。この動きは、認証に関する法整備、商法関連の契約、認証機関の見直しなども検討され、社会インフラの再整備に繋がっている。このように、新たな活用の考え方が生じ、新たなビジネスモデルの創出と変革などの整備が行われた。

バーチャルテスト認証を例にしたが、このような動きも含め、欧州は40年以上前から新しい産業育成という形でシナリオを描き、将来像を創り、新たなビジネスモデルの創出まで探っていたように見える。

欧州、北米では、ＣＡＥの技術と活用パフォーマンスの成長から

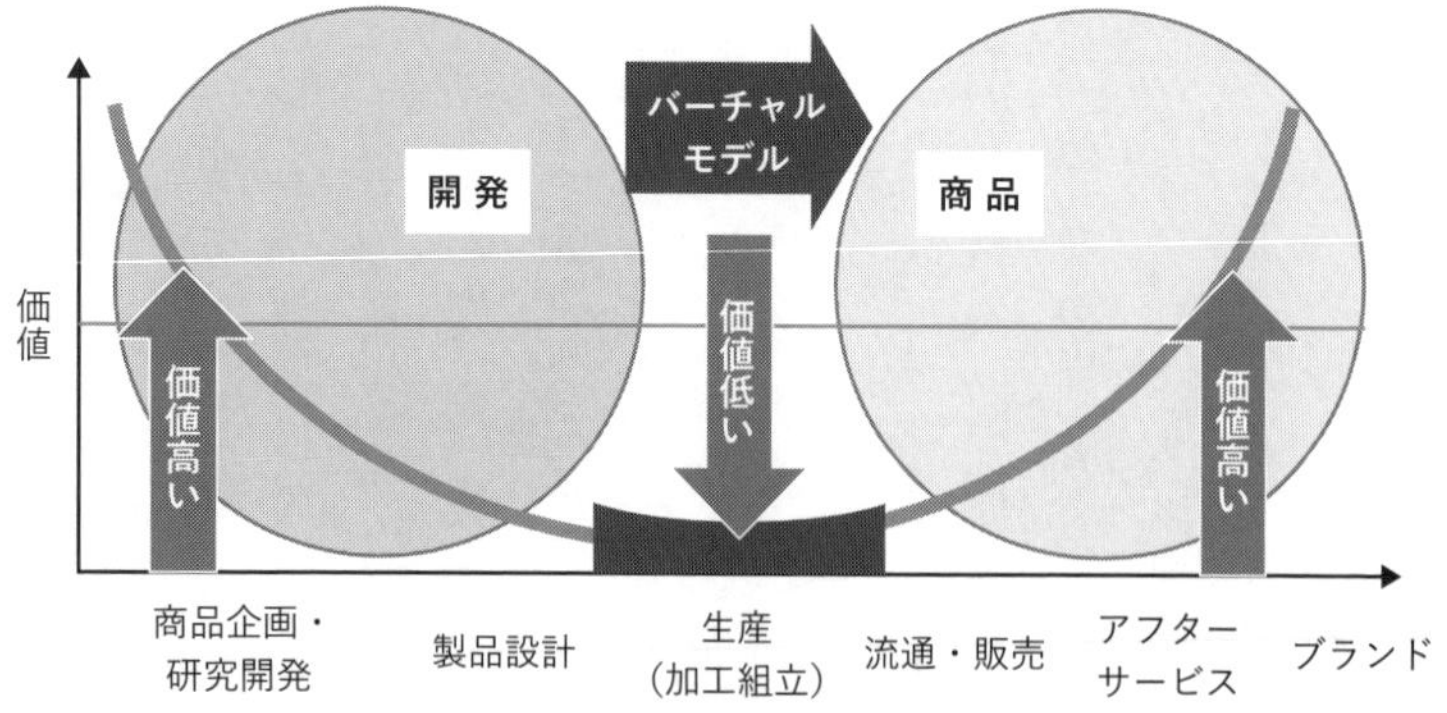

出典：経済産業省の資料をもとに筆者作成

図10・1　高価値を活かすビジネスモデルとモノづくりのスマイルカーブ

○第1ステップ：解析技術の構築
○第2ステップ：設計仕様の熟成検討
○第3ステップ：製品の機能パフォーマンスのデジタル表現

とその活用目的が進化する。そのような動きへの対応のなかった日本では、CAEの詳細な解析への技術進化を中心に進め、CAE活用方法に対する新たな目的の設定はなかったようだ。

図10・1は、モノづくり分野の価値を経済産業省などが表現してきた図である。これを用いて説明すると、製造組立の価値が低く示されている。また、高い価値として商品企画／研究開発とアフターサービス／ブランドがある。その高い価値を示す分野を連携するビジネスモデルが、バーチャルエンジニアリング（VE）である。エンジニアリングチェーンの中で設計、開発、企画、これらを評価し、その価値をビジネスとして表現できるようにデジタル技術が進んだのだと思われる。

エンジニアリングチェーンの中での製品モジュールの機能パフォーマンスを表現する技術を各企業、各組織が身につけるだけで、独自に大きなビジネスマーケットに参加することは可能である。すでに世界のモノづくりビジネスの中ではバーチャルモデルを用いたビジネスは進んでおり、データ標準化し、世界商法に則り、条件を合わせるだけで企業が独自に行っても参加可能である。この参加へは日本の教育機関、公的な研究機関などの支援なしでも対応できる。設計力の向上、世界ビジネスへの参加のどちらが先かと考える必要はあるが、ビジネスへの参加自体が設計力向上となり、設計の仕様品質向上ともなる。

作家の故立花隆氏が「百聞は一見に過ぎず 百見は一体験に過ぎず」ということを話されていた。バーチャルモデルを用いた開発は３Ｄ設計の普及が遅れている日本では、教育機関も含めて、最前線の技術での開発の経験が少ない。また、ＶＥ環境でのモノづくりを経験する機会もほとんどない。各企業だけでなく、大学の先生方、研究機関の研究者、従来日本を牽引《けんいん》したモノづくり分野の経営者たちも新たな経験を重ねたり、眺めたりする場がない。このことから、日本の中では世界のモノづくりの状況、世界のエンジニアリング変革が伝わってないのではないかという気がする。それが日本の展開の遅さに現れているのかもしれない。

かつて、日本のＣＡＥ技術は世界の先端を走っていたことは事実だ。しかし、現在、世界ではＣＡＥ活用の目的自体が進化している。その動きは日本では理解されず、ＣＡＥ分野だけでなく開発全般のデジタル化も含めて、遅れが目立つ。

2023年正月、テレビを眺めていたら、NHK「欲望の資本主義2023」という番組の冒頭で、イギリスの経済学者ケインズ氏が1936年に言われたという言葉を紹介していた。

「この世で一番難しいことは新しい考えを受け入れることではない。古い考えを忘れることだ」

日本でのバーチャル化、デジタル化、CAEの活用などの課題を考えると、日本が初期のデジタル展開で世界に対し先行していた時、日本の中で多くの経験から知見や考え方が生まれたと思われる。その当時においては貴重で重要な考え方ではあったが、新たな展開の中で新たな知見と考え方が育っている。時として、日本のデジタル、バーチャルの技術展開で、過去の考え方に縛られている例を見ることがある。これらに直面するたびに、ケインズ氏の「この世で一番難しいことは新しい考えを受け入れることではない。古い考えを忘れることだ」という言葉が、重く響く。

内田 孝尚
栗崎 彰

著者略歴

内田　孝尚（うちだ　たかなお）

1953年生まれ。神奈川県横浜市出身。横浜国立大学工学部機械工学科卒業。博士（工学）。1979年株式会社本田技術研究所入社。2018年同社退社。MSTC主催のものづくり技術戦略Map検討委員会委員（2010年）、ものづくり日本の国際競争力強化戦略検討委員会委員（2011年）、機械学会“ひらめきを具現化するSystems Design”研究会設立（2014年）および幹事を歴任。現在、理化学研究所 研究嘱託、東京電機大学工学部 非常勤講師、機械学会フェローを務める。雑誌・書籍などマスメディアや、日本機械学会等のセミナーを通じて設計・開発・モノづくりに関する評論活動に従事。

著書『バーチャル・エンジニアリング』（2017年）『ワイガヤの本質』（2018年）『バーチャル・エンジニアリングPart2』（2019年）『バーチャル・エンジニアリングPart3』（2020年）雑誌『機械設計』連載「バーチャルエンジニアリングの衝撃」（2019年1月—2020年6月）同誌連載「普及が拡がるバーチャルエンジニアリング」（2021年1月—12月、いずれも日刊工業新聞社）。

栗崎　彰（くりさき　あきら）

1958年生まれ。東京都出身。1983年金沢工業大学大学院工学研究科建築学専攻修士課程修了。その後、40年間、3次元CADと構造解析に従事する。I-DEASの開発元である旧SDRC 日本支社、CATIAの開発元であるダッソー・システムズ社を経て、株式会社キャドラボ（図研グループ）取締役、サイバネットシステム株式会社 シニア・スペシャリスト、2022年より合同会社ソラボ 社長。設計者のためのCAE講座「解析工房」など、3次元CADによる設計プロセス改革コンサルティングや設計者解析の導入支援を行う。

著書『図解 設計技術者のための有限要素法はじめの一歩』（2012年）『図解 設計技術者のための有限要素法 実践編』（2014年、共に講談社）。

バーチャル・エンジニアリング Part4
日本のモノづくりに欠落している
"企業戦略としてのCAE"

NDC501

2023年3月30日　初版1刷発行

定価はカバーに表示されております。

©著　者　内田孝尚
　　　　　栗崎　彰
発行者　井水治博
発行所　日刊工業新聞社
〒103-8548　東京都中央区日本橋小網町14-1
電話　書籍編集部　03-5644-7490
　　　販売・管理部　03-5644-7410
　　　FAX　03-5644-7400
振替口座　00190-2-186076
URL　https://pub.nikkan.co.jp/
email　info@media.nikkan.co.jp

印刷・製本　新日本印刷

落丁・乱丁本はお取り替えいたします。　2023　Printed in Japan

ISBN 978-4-526-08263-4